普通高校"十一五"规划教材

ASP 动态网页开发案例教程

主　编　张玉孔

副主编　韩殿元

北京航空航天大学出版社

内容简介

本书是作者多年从事 ASP 动态网站教学和开发的经验总结。

全书共分为 7 章,内容包括:动态网页概述,HTML 语言,VBScript 脚本语言,ASP 内置对象,ASP 组件,ADO 访问数据库以及动态网站工程实践——高校系、部网站的设计与开发。其特点是采用案例教学,由点到面,由浅入深。全书遵循从直观实例引出知识,系统讲解理论后再到综合实践的原则,符合学生的认知和学习规律,便于学生理解和掌握。

本书适于作为高等院校网页设计课程的教材,也适用于专门从事网站建设和网页设计制作的技术人员,还可作为各类网页制作培训班以及广大网友制作网页的入门及提高教材。

本书配有书中实例的源码,请发送邮件至 bhkejian@126.com 或致电 010-82317027 申请索取。

图书在版编目(CIP)数据

ASP 动态网页开发案例教程/张玉孔主编. —北京:北京航空航天大学出版社,2009.3

ISBN 978-7-81124-602-5

Ⅰ.A… Ⅱ.张… Ⅲ.主页制作-程序设计-高等学校-教材 Ⅳ.TP393.092

中国版本图书馆 CIP 数据核字(2009)第 003817 号

ASP 动态网页开发案例教程

主　编　张玉孔

副主编　韩殿元

责任编辑　潘晓丽　张雯佳　刘秀清

*

北京航空航天大学出版社出版发行

北京市海淀区学院路 37 号(100191)　发行部电话:010-82317024　传真:010-82328026

http://www.buaapress.com.cn　E-mail:bhpress@263.net

涿州市新华印刷有限公司印装　各地书店经销

*

开本:787×960　1/16　印张:16.25　字数:364 千字

2009 年 3 月第 1 版　2009 年 3 月第 1 次印刷　印数:3 000 册

ISBN 978-7-81124-602-5　定价:28.00 元

前　言

　　ASP 是目前最成熟,也是应用最广泛的动态网页开发技术之一。从事 ASP 课程教学多年,我们深深感受到,一个初学者要学好 ASP 这门课程,除了要有热情、毅力和兴趣之外,还要有科学、正确的引导。如果把多年学习和教学的心得及体会以教材的形式呈现出来,或许能给 ASP 学习者提供一些帮助,也是对自己学习和教学的一个总结。

　　一本好的教材,除了要有丰厚、系统的课程知识和严谨的逻辑关系外,还要符合学习者的认知和学习规律。以此为切入点,本书的编写贯穿了以下几个原则:

　　1. 实践和理论有机结合,符合学习者的认知和学习规律

　　每一节都遵循"实践—理论—实践"的逻辑关系,先通过一个简单实例形成对知识的概要认识;然后再围绕实例较详细地讲解相关知识点,让学生从点扩大到面;最后围绕本节的重点和难点,通过扩展实例训练,让学生进行自主学习,达到自主解决问题的能力。

　　2. 实例教学由点到面,由浅入深

　　每节开始的简单实例是一个"点",由此点引出本节知识的"面",再通过"扩展实例"加深知识,符合学习者掌握知识的心理逻辑,便于学习者对知识的掌握。

　　3. 重点突出,便于对知识的系统把握

　　ASP 知识点较多,而在学习时应尽量做到:熟练重点,理解原理,扩展知识面,把握系统。本书每一节的第二部分是对该节知识面的讲解,拓展训练部分是对知识点的应用,通过熟练知识点,了解知识面,从而把握知识层次和体系。

　　本书主要针对 ASP 学习者和具有一定网页开发基础的人员而编写,特别适合作为普通高校的计算机及相关专业的教材,也适合作为非计算机专业网页制作技术的教学用书,同时,还可作为动态网页制作技术入门的培训教材。

本书共分为 7 章。第 1 章是动态网页概述;第 2 章主要介绍 HTML 语言;第 3 章介绍 VBScript 脚本语言;第 4 章介绍了 ASP 的内置对象;第 5 章介绍了 ASP 组件;第 6 章介绍了 ADO 访问数据库,该章也是本书的重点;第 7 章从工程项目开发的角度介绍了动态网站工程实践——高校系、部网站的设计与开发,该章也是对前 6 章知识的综合运用和实践。

本书由张玉孔负责组织编写并统稿。第 1、5~7 章由张玉孔编写,第 2~4 章由韩殿元编写。在编写过程中,潍坊学院教育科学与技术系主任耿建民教授、李健教授和李天思副教授给予了细致的指导,在此表示衷心的感谢。

由于时间仓促,若书中有疏漏之处,敬请广大读者提出宝贵的意见和建议。

编　者

2008 年 12 月

目　录

第1章　动态网页概述

【学习目标】

➢ 理解网站和网页的工作原理；

➢ 掌握与网页相关的基本概念；

➢ 了解与动态网页开发的相关技术和工具；

➢ 熟练掌握 IIS 的安装、配置和动态网页的测试。

Internet 把世界各地数以千万计的计算机和传输线路连接在一起构成一个网络，通过它可以交换信息、共享资源，并以此为基础实现计算机通信。在 Internet 中，网页是它的重要组成部分，学习网页制作，特别是动态网页制作，必须理解网页工作的基本原理及相关概念。

1.1　Web 相关概念与工作原理

Web 是基于 Internet 的服务，允许计算机之间的相互通信。Web 服务是指通过网页在客户机和服务器间传递信息的活动。

1.1.1　Web 的服务方式

1. 客户机和服务器

Web 服务以客户机/服务器(Client/Server，C/S)模式运行工作。

客户机是指用来与数据提供者(服务器)通信的计算机，其与服务器相连，由遍布世界各地的企业、家庭、个人等用户使用的计算机构成。通常，通过客户机发送或接收信息。

服务器是指能向多客户机同时提供数据资源的计算机，由遍布世界各地的大型机构或个人计算机构成。

2. 服务器软件

Web 在提供服务时需要使用 Web 服务器管理软件。目前广泛使用的 Web 服务器管理软件有：支持 ASP 的服务器管理软件(Windows 下运行)IIS(Internet Information Server)、支持 PHP 的服务器管理软件(UNIX，Linux 下运行)Apache、支持 JSP 的服务器管理软件(可在多种平台下运行)JSWDK 和 TOMCAT 等。本章的 1.3 节将重点讲解 IIS 的使用。

3. HTTP 协议

协议是关于信息格式及信息交换规则的正式描述。在信息技术中，协议是一些特殊的规则集合,它被通信的接收方和发送方认可,接收到的信息和发送的信息均以这种规则加以解释。Internet 上的协议统一了人们在网上的交流方式,可以使浏览器更加高效,使网络传输量减少。

支持 Web 服务器的协议是 HTTP(Hypertext Transfer Protocol)协议,它支持在 Internet 上传送超文本协议,简称为超文本传送协议。客户机与 Web 服务器可以根据这个协议来传送信息。

HTTP 协议实现的过程可以分为如下 4 个步骤:

① 连接　客户端与指定的服务器建立连接。

② 请求　由客户端提出请求并发送到服务器。

③ 响应　服务器收到客户端的请求后,取得相关对象并发送到客户端。

④ 关闭　在客户端接收完对象后,关闭连接。

1.1.2　Web 的工作原理

根据 HTTP 协议,Web 工作过程从 Web 上的客户端开始。客户端通过 Web 浏览器向 Web 服务器发送一个查询请求,即当用户在浏览器中输入了一个网址或单击了一个超级链接时,浏览器便向服务器发送一个 HTTP 请求,此请求被送往由 IP 地址指定的 URL 地址服务器进行连接。连接成功后,服务器接收请求并立即进行必要的操作,然后使用 HTTP 协议按 HTML 格式向客户端回送所要求的网页文件或查询结果。客户端的用户可以在浏览器上看到服务器回送的结果,其 Web 的工作原理如图 1-1 所示。

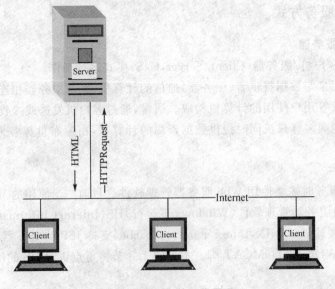

图 1-1　Web 的工作原理

网页是以 HTML 代码或程序的形式存放在服务器上,通过 Internet 传递到浏览器端,并由客户端的浏览器将 HTML 代码解释成可视的对象,如表格、图片等。

1.1.3 Web 的基本概念

1. 网　页

网页是 Web 服务器上的基本信息单位,也称为 Web 页。它是一些使用不同 Web 技术编写的文本文件,存放在特定 Web 服务器的特定目录下,使用浏览器可以浏览 Web 页。Web 页的位置可以由 URL 确定。网页的后缀名有多种,如 htm、asp、jsp、aspx 和 php 等。

2. 网　站

网页可以按一定的方式连接在一起,组成一个整体,用来描述一组完整的信息或一个部门、一个企业的情况,或一个具有应用服务的信息系统。存放在 Web 服务器上的多个网页,具有共同的主题,相似性质的一组资源称为网站。网站总是由一个主页和若干从页组成的。

3. 主　页

网站的第一个页面称为主页,一般将其保存为 default 或 index 文件,如 default. asp、index. htm 和 index. aspx 等。它既和一般的网页一样,是一个单独的网页,可以存放各种信息,又是网站的出发点和各网页的汇总点。主页总是与一个网址(URL)相对应,可引导用户走进一个网站。在主页里,应该给出这个站点的基本信息和主要内容,使浏览的用户看到后就可知道该站点的基本内容,因此,主页的作用比其他网页更重要,在设计和编写时必须给予足够的重视。

4. URL 地址

URL 是 Uniform Resource Locator 的缩写,即统一资源定位系统,也就是通常所说的网址。URL 是在 Internet 的 WWW 服务程序上用于指定信息位置的表示方法,它指定了诸如 HTTP 或 FTP 等 Internet 协议,是唯一能够识别 Internet 上具体的计算机、目录或文件位置的命名约定。例如,北京航空航天大学出版社下载页面的地址为 http://www. buaapress. com. cn/buaa/html/download/index. asp。

5. 虚拟主机

所谓虚拟主机,就是把一台运行在互联网上的服务器划分成多个"虚拟"的服务器。每一个虚拟主机都能够具有独立的域名和完整的 Internet 服务器(支持 WWW、FTP、E-mail等)功能。一台服务器上的不同虚拟主机是各自独立的,并由用户自行管理。但一台服务器主机只能够支持一定数量的虚拟主机,当超过这个数量时,用户将会感到性能急剧下降。

6. 域　名

域名是 Internet 网络上的一个服务器或一个网络系统的名称。在全世界,没有重复的域名。域名是由若干个英文字母或数字组成的,由"."分隔成几部分。例如,www. sina. com. cn 是一级域名,而 news. sina. com. cn 则是二级域名。访问一个网站时,一般通过域名访问,域名 与网站相对应。

1.1.4 动态网页工作原理

静态网页是指扩展名为 html 或 htm 的网页,是用 HTML 标记符编写的。静态网页 从服务器发送到客户端时不会发生更改。其具有美观、方便、简单等特点,不足之处是不 能实现高级程序设计语言的计算功能,且维护难,若要修改网页内容,则必须了解网页制 作的相关知识。

动态网页是指综合了 HTML、脚本语言、ASP 语句(或其他技术)和数据库技术等制作的 网页,其实质是一个程序。网页的具体内容存放在数据库,当用户从客户端向服务器发出请求 时,动态网页从数据库中读出其信息,以 HTML 的形式发送到客户端,或更新数据库信息。 动态网页的工作原理如图 1-2 所示。

须注意的是,存放在 Web 服务器上的动态网页和输出到 Internet 上的信息是不同的,前 者是源码程序,后者是源码解释后的结果信息。

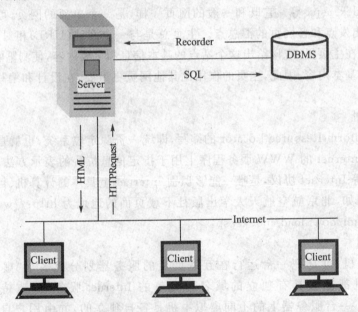

图 1-2 动态网页的工作原理

1.2　动态网页开发技术和工具

1.2.1　动态网页开发技术

动态网页开发技术可分为两大类：一类是客户端技术，主要是指 HTML 和脚本语言；另一类是服务器技术，包括 ASP、JSP 和 PHP 等。

1. HTML

HTML(Hyper Text Markup Language，超文本标记语言)是一种用来制作超文本文档的简单标记语言。用 HTML 编写的超文本文档称为 HTML 文档，它能独立于各种操作系统平台(例如 UNIX 和 Windows 等)。它一直作为 World Wide Web(WWW)上的信息表示语言，描述网页的格式设计及其与 WWW 上其他网页的连接信息。它通过利用各种标记(Tags)来标识文档的结构以及标识超链接(Hyperlink)的信息。

生成一个 HTML 文档主要有以下三种途径：

① 使用文本编辑工具，例如记事本，手工直接编写等。

② 通过某些格式转换工具将现有的其他格式文档(如 WORD 文档)转换成 HTML 文档。

③ 由 Web 服务器一方实时动态地生成。

2. 脚本语言

脚本语言介于 HTML、C、C++、Java 和 C♯ 等编程语言之间。它是一种解释性的语言，与编程语言也有很多相似的地方，例如函数和变量等。脚本语言一般都有相应的脚本引擎来解释执行，一般需要解释器才能运行，而不需要编译。脚本语言一般都以文本形式存在，由于其具有编程语言的特性，因此，可以控制程序的过程，从而弥补 HTML 的不足。常用的脚本语言有 Javascript 和 VBScript。脚本语言既可在浏览器端执行，也可在服务器端执行。

3. ASP

ASP(Active Server Pages)是微软公司开发的一套服务器端脚本环境，它内含于 IIS 之中。通过 ASP 结合 HTML 网页、脚本语言和 ActiveX 元件可以建立动态、交互且高效的 Web 服务器应用程序。ASP 编写的程序代码，都将在服务器端执行。当程序执行完毕后，服务器仅将执行的结果返回给客户浏览器，这样减轻了客户端浏览器的负担，大大提高了交互的速度。ASP 的主要特点有：

① 使用 VBScript、Javascript 等简单易懂的脚本语言，结合 HTML 代码，即可快速地执行网站的应用程序。

② 无须编译，容易编写，可在服务器端直接执行。

③ 使用普通的文本编辑器，例如 Windows 的记事本，即可进行编辑设计。

④ 与浏览器类型无关。用户端只要使用可执行 HTML 码的浏览器，即可浏览 ASP 所设

计的网页内容。ASP 所使用的脚本语言均在 Web 服务器端执行,而用户端的浏览器不需要能够执行这些脚本语言。

⑤ ASP 的源程序,不会被传到客户端浏览器上,因而可以避免所写的源程序被他人剽窃,也提高了程序的安全性。

4. JSP

JSP(Java Server Pages)是由 Sun Microsystems 公司倡导,许多公司参与一起建立的一种动态网页技术标准。JSP 技术有点类似 ASP 技术,它是在传统的网页 HTML 文件中插入 Java 程序段(Scriptlet)和 JSP 标记(Tag),从而形成 JSP 文件(＊.jsp)的。JSP 技术使用 Java 编程语言编写类 XML 的 Tags 和 Scriptlets 来封装产生动态网页的处理逻辑。它使网页逻辑与网页设计和显示分离,支持可重用的基于组件的设计,使基于 Web 的应用程序的开发变得迅速和容易。用 JSP 开发的 Web 应用是跨平台的,既能在 Linux 下运行,也能在其他操作系统上运行。

JSP 具备简单易用,完全面向对象,安全可靠等特点,且与操作平台无关。

JSP 与 Microsoft 的 ASP 技术非常相似。两者都提供在 HTML 代码中混合某种程序代码,由语言引擎解释执行程序代码的能力。两者的本质区别是:ASP 的编程语言是 VBScript 之类的脚本语言;JSP 使用的是 Java。ASP 和 JSP 引擎用完全不同的方式处理页面中嵌入的程序代码。在 ASP 下,VBScript 代码被 ASP 引擎解释执行;在 JSP 下,代码被编译成 Servlet 并由 Java 虚拟机执行,这种编译操作仅在对 JSP 页面的第一次请求时发生。JSP 的安全性优于 ASP。

5. ASP.NET

ASP.NET 不仅仅是 ASP 的下一个版本,而且是一种建立在通用语言上的程序构架。它可以用 Microsoft 公司最新的产品 Visual Studio.net 开发环境进行开发,提供许多比现在的 Web 开发模式强大的优势。例如,它执行效率比 ASP 有大幅提高,且功能强大具有适应性、高效可管理性、扩展性和安全性等。

ASP.NET 的语法在很大程度上与 ASP 兼容,同时还提供一种新的编程模型和结构,可生成伸缩性和稳定性更好的应用程序,并提供更好的安全保护。可以通过在现有 ASP 应用程序中逐渐添加 ASP.NET 功能,随时增强 ASP 应用程序的功能。

ASP.NET 是一个已编译的、基于.NET 的环境,可将基于通用语言的程序在服务器上运行。将程序在服务器端首次运行时进行编译,比 ASP 即时解释程序要快很多,而且可以使用任何与.NET 兼容的语言创作应用程序,包括 Visual Basic.NET、C♯ 和 Javascript.NET 等。

1.2.2 常用网页制作美化工具

1. 网页设计工具 Dreamweaver

Dreamweaver 是美国 Macromedia 公司开发的集 Web 页制作和管理网站于一身的所见

即所得 Web 页编辑器,它是第一套针对专业 Web 页设计师的视觉化 Web 页开发工具,利用它可以轻而易举地制作出跨越平台限制和跨越浏览器限制的充满动感的 Web 页。

由于其具有可视化的特点,因此常用来对网站和网页的框架进行设计,同时,也可利用它编写代码。

2. 动画制作工具 Flash

Flash 是 Macromedia 公司推出的网页动画制作软件。就目前来说,它是制作网络交互动画最优秀的工具,支持动画、声音及交互功能,具有强大的多媒体编辑功能,可以广泛应用于互联网领域。动画是网页的重要构成部分,在网页中适当地插入动画,可以增强网页的美感和可读性。

3. 图像处理工具

图像是网页的重要组成部分,网页中的图像必须经过恰当的处理。因此,图像处理是学习网页设计制作的重要部分。Photoshop 是目前世界上最优秀的图像处理软件,它由 Adobe 公司开发,主要应用于图像处理及广告设计领域,功能极其强大。另外,Firework 等图像处理软件也具有较强的功能。网页中对于图像的处理主要涉及图像裁切、图像合成及美化处理等功能。

1.2.3　数据库技术

数据库技术是动态网页制作的关键技术,主要用于存储网页内容,并实现对网页内容的动态查询和控制。在动态网页开发中可使用的数据库系统有很多,例如 SQL Server、Access 及 Oracle 等。在动态网页中,用户通过浏览器端的操作界面以交互的方式经由 Web 服务器来访问数据库。Web 服务器通过一些中间件软件(例如 ADO)实现对数据库服务器的访问。用户向数据库提交的信息以及数据库返回给用户的信息都是以网页的形式显示。

1.3　ASP 的运行环境

动态网页的运行需要服务器软件,在以后章节的讲解中,将本机模拟为服务器测试动态网页,即本机既作为浏览器,也作为服务器,因此,须先安装和配置服务器软件。

下面以 Windows XP ＋ IE6.0 ＋ Access 的环境为例来讲解服务器环境的配置。

1.3.1　安装 IIS 6.0

1. 安装 IIS 6.0 软件

默认的 Windows XP 操作系统中没有安装 IIS 组件。安装时,首先准备好 Windows XP 的系统安装盘或 IIS 软件包,然后依次打开"控制面板/添加删除程序/添加删除 Windows 组件"选项,选中"Internet 信息服务(IIS)",如图 1－3 所示。单击"下一步"按钮进行安装,系统提示找不到文件时,可定位到 Windows XP 的系统安装盘或 IIS 软件包位置,直至提示安装成功。

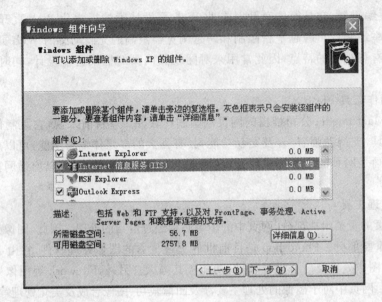

图 1-3　安装 IIS 服务器软件

2. 测试安装服务器是否成功

打开浏览器,在地址栏中输入"http://localhost"或"http://127.0.0.1",如果出现图 1-4 所示画面,则说明服务器安装成功。这时默认安装的服务器目录是"C:\Inetpub\wwwroot"。

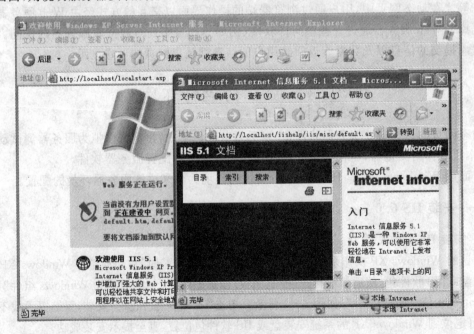

图 1-4　测试服务器

1.3.2 配置 IIS

1. 设置服务器主目录

为了方便测试动态网页,有时需要将硬盘中的某一个特定的文件夹设定为服务器目录,然后将网页直接复制到该目录中进行测试。

配置服务器时,依次打开"控制面板/管理工具/Internet 信息服务"选项,在"Internet 信息服务"选项中依次打开"本地计算机"、"网站",然后选中"默认网站"单击右键,打开"属性"面板,如图 1-5 所示。选中"主目录"选项卡后,可以看到当前默认的服务器本地路径为"C:\Inetpub\wwwroot"。

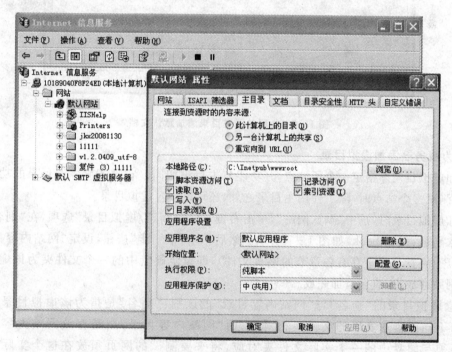

图 1-5 配置服务器

单击"浏览"按钮,将本地路径设为"E:/ASP",注意为了将来测试时能浏览该服务器中的文件和文件夹,要选中"目录浏览"选项。

2. 为服务器主目录添加默认文档

默认文档是指站点中的默认主页,测试时,当在地址栏中只输入网站所在的域名,而不输入文件名时(例如 http://www.sina.com.cn),站点会将默认文档默认为主页。

其方法是:选中"文档"选项卡,为服务器主目录添加默认文档,默认文档名称一般为 default.htm、default.asp、index.html 或 index.asp 等,如图 1-6 所示。

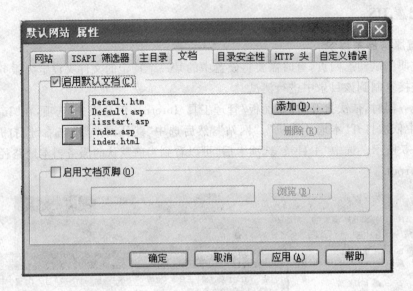

图 1-6　为服务器主目录添加默认文档

3. 为服务器添加虚拟目录

添加虚拟目录即指定一个子站点,其功能与主目录相同。它具备服务器目录的功能和特点,有时测试多个站点时,除了使用主目录之外,还可以设置虚拟目录。

添加虚拟目录时,选中"默认网站",单击右键,选中"新建/虚拟目录"选项,在"别名"输入栏中输入别名,例如 book,如图 1-7 所示。然后单击"下一步"按钮,设定"网站内容目录"为"E:/ASP"(在此目录下存有各章节的网页文件),即设定硬盘中的一个文件夹为该虚拟目录对应的网站存放点,直至添加完成。

注意虚拟目录的"别名"与"网站内容目录"的区别:"别名"是指为该虚拟目录起的一个别名,不与硬盘中实际的文件夹相对应;而"网站内容目录"则是存放网站内容的一个地点,必须与硬盘中的一个实际文件夹对应,将来要测试的网页须放在这个实际的文件夹中测试。

测试虚拟目录站点时,在地址栏中输入"http://localhost/虚拟目录名"即可,例如 http://localhost/book。

主目录和虚拟目录都称为"应用程序"。

1.3.3　测试动态网页

【**例 1-1**】　服务器测试网页。用记事本编辑网页,输入如下代码,另存为 ex1_1.asp。

文件名为 ex1_1.asp,代码如下:

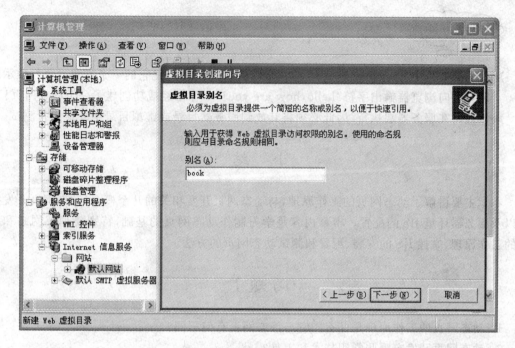

图 1-7　建立服务器虚拟目录

```
1 < %
2    Response.Write ("hello,how are you!      你已经成功创建了一个动态网页!")
3 % >
```

在"E:/ASP"中创建 ch1 文件夹,将网页复制到其中,打开浏览器,在地址栏中输入"http://localhost/book/ch1/ex1_1.asp",执行结果如图 1-8 所示。

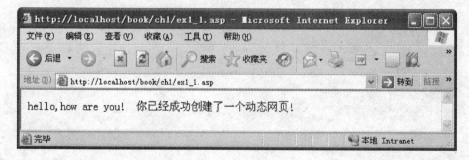

图 1-8　ex1_1.asp 执行结果

➤ 代码第 2 行中 Response 是 ASP 的一个内置对象，Write 是它的一个方法。该行表示从服务器向浏览器输出字符"hello,how are you!　　你已经成功创建了一个动态网页!"。

➤ 该代码在服务器端执行，因此必须将其放到服务器目录或虚拟目录中才能进行测试。

小　结

本章主要讲解了动态网页的工作原理，与动态网页开发相关的几个概念，动态网页开发技术以及服务器环境 IIS 的配置。本章内容是学习制作动态网页的基础，特别要理解网站和网页的工作原理，掌握 IIS 的安装、配置和测试动态网页的方法。

习题 1

1. 动态网页的工作原理是什么？它与静态网页有何不同？

2. 动态网页开发有哪些常用技术和工具？

3. 如何安装、配置 ASP 运行环境？如何调试 ASP 程序？

第 2 章　HTML 语言

【学习目标】

➤ 了解 HTML 语言的作用；

➤ 掌握 HTML 文档的基本结构；

➤ 掌握文本、图像、表格和超链接标记及其属性；

➤ 掌握表单标记及其属性；

➤ 掌握框架的使用方法和相关概念；

➤ 掌握 CSS 的类型和使用方法。

要学习 ASP 动态网页设计，先要了解 HTML 语言，即超文本标记语言，因为 ASP 动态网页是用附加特性扩展了的 HTML 文档，它包含了 HTML 标记、脚本命令以及其他页面元素。为了掌握 ASP 动态网页开发技术，先要学习制作静态网页的 HTML 语言。

HTML 语言是 HTML 标记符号的集合，标记符号用于说明浏览器显示文本、图像和其他对象的方式。HTML 语言初期只有很少的一些标记，但由于在网页上显示的内容越来越多，其标记在不断增加，通过 HTML 的最新版本可了解最新最全的 HTML 标记。

本章主要介绍一些 HTML 语言常用的标记，其目的是了解 HTML 语言的基本知识，掌握编写 HTML 文档的方法，为编写 ASP 动态网页打基础。

2.1　HTML 文档基本结构标记

一个 HTML 文档包含不同的 HTML 标记符，这些标记符是一些嵌入式命令，是定义网页结构、外观和显示内容的信息，Web 浏览器通过这些信息确定如何显示网页。HTML 文档有较为固定的结构形式。

2.1.1　制作一个基本的网页

【例 2-1】 HTML 文档的基本结构。

文件名为 ex2_1.htm，代码如下：

```
1   < HTML >
2     < HEAD >
3       < TITLE >这里显示的是 title 标记符中的文本 </TITLE >          <! --标题标记-->
4     </HEAD >
```

```
5    < BODY bgcolor = "＃999999" >              <!-- 主体标记-->
6        这里显示的是 body 标记符中的文本
7    < /BODY >
8    < /HTML >
```

运行结果如图 2-1 所示。

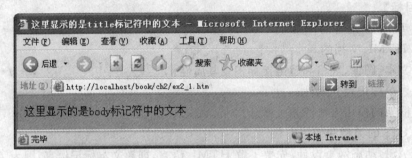

图 2-1　HTML 文档的基本结构

① 代码中,HTML、HEAD、TITLE 和 BODY 等称为标记符。每个标记符用标记"＜"和"＞"或"＜"和"/＞"围住,表示这是 HTML 代码而非普通文本。前者表示标记符开始起作用,后者表示这种标记符的作用结束,分别称为开始标记符和结束标记符,即 ＜标记符＞……＜/标记符＞。

② 大部分标记符既有开始标记,又有结束标记,但有些标记符仅有开始标记,没有结束标记符,如 ＜ BR ＞、＜ INPUT ＞等。

③ HTML 文档中,语法书写不分大小写,可以混写,如 ＜ body ＞和 ＜ BODY ＞等同,但必须是半角。

④ 第 5 行中,bgcolor 称为 BODY 标记行的属性,每一种标记符都有自己的多种属性,例如,BODY 标记符的 background 属性可以用来为网页设置背景图片。有的标记符没有属性。本书中为了提高代码的可读性,所有标记都用大写,标记的属性都用小写。

⑤ 注释信息用"＜！——"和"——＞"包括起来,只对该 HTML 文档代码起说明作用,如第 3 行和第 5 行所示。

2.1.2　HTML 文档的基本结构

一个 HTML 文档包含头部标记 ＜ HEAD ＞和主体标记 ＜ BODY ＞两大部分,而 ＜ HEAD ＞和 ＜ BODY ＞两部分中又包含其他的标记符。

< HEAD >标记是 HTML 文档的头部标记,在 < HEAD >和</HEAD >间的内容不会被浏览器显示出来。< HEAD >和</HEAD >标记之间常使用< TITLE >、< LINK >、< STYLE >等标记。< TITLE >标记标明 HTML 文档的标题,是对网页内容的概括。在< TITLE >和</TITLE >之间的内容即是浏览器窗口的标题。

< BODY >标记是 HTML 文档的主体部分,在 < BODY >和</BODY >之间的部分可以显示在浏览器窗口中。可以通过设置 BODY 标记符的属性修饰网页的主体风格。

< BODY >标记符的常用属性如表 2-1 所列。

表 2-1 BODY 标记符的常用属性

属 性	用 途	示 例
bgcolor	设置背景颜色,用名字或十六进制值	< BODY bgcolor=" #999999" >
background	用图片设置网页背景	< BODY background="bg. gif" >
text	设置文本文字颜色,用名字或十六进制值	< BODY TEXT=" #000000" >
link	设置超级链接颜色	< BODY link=" #ff0000" >
vlink	设置已使用的超级链接的颜色	< BODY vlink="gray" >
alink	设置正在被击中超级链接的颜色	< BODY alink="blue" >

标记符的使用格式为:

< 标记符名称 属性1=值1 属性2=值2 属性3=值3…… > 文本 </标记符 >

例如,下面代码中使用的 BODY 标记符的 bgcolor 属性为设置网页的背景色是蓝色。

```
< BODY bgcolor = " #3333ff" >
⋮
</BODY >
```

2.1.3 扩展实例训练——制作简单的新闻网页

【例 2-2】 制作如图 2-2 所示的新闻网页,标题栏显示"HTML 文档的基本结构",正文中标题居中,第 1 行和第 2 行之间空 1 行。第 2 行和第 3 行换行。程序源码请参考本书所附光盘(以后各章节扩展实例部分程序源码均参考光盘)。

文件名:ex2_2.htm(代码参见下载源码)。

提示:

① 使用 < BODY >标记符的< background >属性设置网页背景,使用 text 属性设置文本的颜色。

② 换行用 < BR >标记符,空行用< P >标记符。

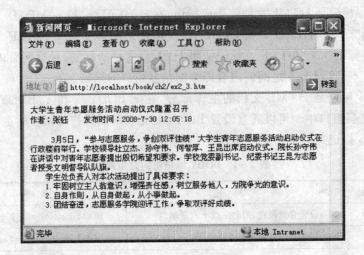

图 2-2　简单的新闻网页

2.2　文本和图像标记

文本和图像标记是网页中最常用的标记符,灵活运用这些标记符,能对美化网页起到重要的作用。

2.2.1　制作新闻网页

【例 2-3】　制作一新闻网页,效果如图 2-3 所示。

文件名为 ex2_3.htm,代码如下:

```
1    < HTML >
2      < HEAD >
3      < META http - equiv = "Content - Type" content = "text/html; charset = gb2312" >
4      < TITLE >新闻网页 < /TITLE >
5      < /HEAD >
6    < BODY >
7      < DIV align = "left" > < FONT face = "黑体" >大学生青年志愿服务活动启动仪式隆重召开
< /FONT >  < BR >
8      < FONT size = "2" >作者:张钰　　发布时间:2008 - 7 - 30 12:05:18 < /FONT >  < BR >
9        < BR >
10        < FONT size = "2" > 3 月 5 日,"参与志愿服务,争创双评佳绩"大学生青年志愿服务活动启
动仪式在行政楼前举行。学校领导杜立杰、孔守伟、何智厚、王昆出席启动仪式。院长孔守伟在讲话中对青年
志愿者提出殷切希望和要求。学校党委副书记、纪委书记王昆为志愿者授受文明督导队队旗。 < BR >
```

11　　　　　学生处负责人对本次活动提出了具体要求：< BR >

12　　　　　1.牢固树立主人翁意识，增强责任感，树立服务他人，为院争光的意识。< BR >

13　　　　　2.自身作则，从自身做起，从小事做起。< BR >

14　　　　　3.团结奋进，志愿服务学院迎评工作，争取双评好成绩。</FONT > < BR >

15　　　</DIV >

16　　　</BODY >

17　</HTML >

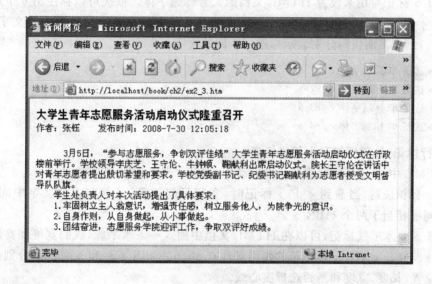

图 2 - 3　新闻网页

① 第 7 行中 < DIV >用来定义块标记，例如为数行文字定义特定的格式。

② < FONT >标记为字体标记符，其 face 属性用来定义文字的字体，size 属性用来定义字号。

③ align 属性表示对齐方式，< TD >、< DIV >等多种标记符都具有 align 属性。< BR >是换行符。

2.2.2　常用文本标记

1. 文字的字体、大小和颜色标记

字体的大小和颜色用 < FONT >和 < /FONT >标记符来标识，face 属性表示字体，size 属性表示字体的大小，color 属性表示文字的颜色。

语法格式为：

　< FONT face＝"字体" size＝"字号" color＝"♯颜色值"＞文字</FONT　＞

　例如：< FONT face＝"黑体"size＝"7"color＝"♯ff0000"＞文字的字体、大小和颜色标记</FONT　＞

2. 标题标记

标题字体标记用来显示不同的黑体字，是通过< H ＞和</H＞标记对实现的。< H1＞和</H1＞标记对用来设置 HTML 文档的大号标题字体。依次可以标注出 6 个层级的标题字体，从< H1＞到< H6＞，差别在于标题数字小的文字会比标题数字大的文字大些，粗些，更显眼。例如下面代码分别表示标题一～四的文字。

　< H1＞这是 h1 标题字体</H1＞

　< H2＞这是 h2 标题字体</H2＞

　< H3＞这是 h3 标题字体</H3＞

　< H4＞这是 h4 标题字体</H4＞

3. 换行标记、段落标记和水平线标记

在 HTML 中，< BR＞标识一个换行动作，遇到< BR＞时，文字自动换行。

< P＞标识段落，当遇到< P＞标记时，文字另起一段，且与前面的文字中间空一行，< P＞的间隔相当于两个< BR＞。

< HR＞是水平线标记，可以在 HTML 文档中插入一条水平线，线的宽度和高度可以通过它的属性设置。< HR＞标记符的常用属性有 align、width、size 和 noshade，分别用于设置水平线的位置、长度、宽度和是否选择实心线。

语法格式为：

　< HR［size＝数值 align＝对齐方式 width＝宽度 noshade］>

4. 列表标记

为了使文档条理清晰，常使用列表标记。列表标记主要有标序列表、未标序的列表和解释列表。

（1）标序列表

标序列表由 3 个标记组成，其中< OL＞说明是标序列表，< LI＞标记于各列表项之前，最后加上列表结束符</OL＞。在每一行列表的前面显示的是数字符号。

语法格式为：

　　< OL＞

　　< LI＞…

　　< LI＞…

　　< LI＞…

　　</OL＞

（2）未标序列表

与标序列表相似，未标序的列表也由 3 个标记组成，其中 < UL > 说明是未标序列表，< LI > 标记于各列表项之前，最后加上列表结束符 </UL >。未标序的列表在每一行的起始显示符号"●"或"■"。请注意：使用不同的浏览器浏览网页时可能显示不同的符号。

语法格式为：

```
< UL >
    < LI > …
    < LI > …
    < LI > …
</UL >
```

（3）解释列表

解释列表包括一系列名词和解释。名词比解释的部分凸前，为独立的一行。解释的部分被视为一长串文字，会自动换行。先标记 < DL > 说明为解释列表，要解释的名词放在 < DT > 的后面，解释的内容放在 < DD > 后面，最后以 </DL > 结尾。在 < DT > 和 < DD > 间，可以包含其他的标记。

语法格式为：

```
< DL >
    < DT > 名词 1
        < DD > 解释 1
    < DT > 名词 2
        < DD > 解释 2
    < DT > 名词 3
        < DD > 解释 3
        ⋮
</DL >
```

2.2.3　图像标记

图像标记 < IMG > 是 HTML 中的一个重要标记，只有开始标记，没有结束标记。

语法格式为：

```
< IMG src="图像文件的路径和名称" 属性 1＝值 1    属性 2＝值 2……>
```

例如：< IMG src="images/photo.jpg"width="300"width="200" >

【例 2-4】　制作一图片网页，并在图片下方用文字对图片说明，如图 2-4 所示。

文件名为 ex2_4.htm，代码如下：

```
1    < HTML >
```

```
2      < HEAD >
3        < TITLE > 在网页中插入图像 < /TITLE >
4      < /HEAD >
5      < BODY >
6        < DIV align = "center" >
7        < STRONG > < IMG src = "images/photo.jpg" width = "200" height = "150" > < BR >
8        < BR >
9        弘德湖 < /STRONG > < /DIV >
10     < /BODY >
11     < /HTML >
```

图 2-4   图片网页示例

① 明确 HTML 和图像的关系。HTML 文件和图像是链接关系,因此,只有在 images 文件夹中真正有 photo.jpg 图片时,才能使 HTML 文档正确显示图像。

② 注意代码所在网页与图像的相对路径关系。本例中由第 7 行代码可以看出网页 ex2_4.htm 与 photo.jpg 的关系为:ex2_4.htm 与 photo.jpg 所在的目录 images 处于同一个文件夹中。

以本例中网页和图像文件为例,表 2-2 列出了代码所在网页与网页中插入的图像的几种常见相对位置关系。

表 2-2　网页与图像的相对位置关系

相对位置关系	Ex2_4. htm 中的代码描述
photo. jpg 与 ex2_4. htm 在同一文件夹下	< img src="photo. jpg" >
photo. jpg 在 images 中，images 与 ex2_4. htm 在同一文件夹下	< img src="images/photo. jpg" >
photo. jpg 在 ex2_4. htm 的上一级目录中	< img src="../photo. jpg" >

注意：在网页的超链接中，以及文件与文件的包含关系中常用到相对位置关系。其关系都符合表 2-2 的关系规则。

2.2.4　链接标记

在网页中，经常用标题显示内容列表，当单击标题时，才显示正文的内容，这样的关系是通过超链接实现的。

语法格式为：

< A href="要链接到的文档名称" >链接标题</A >

【例 2-5】 链接练习。

文件名为 ex2_5. htm，代码如下：

```
1    < HTML >
2     < BODY >
3      < P >这是一个超链接的例子，点击以下两个学校，会链接到各自的学校。</P >
4      < A href = "www. fjnu. edu. cn" >福建师范大学</A > < BR >
5      < A href = "www. pku. edu. cn" >北京大学</A >
6     </BODY >
7    </HTML >
```

运行结果如图 2-5 所示，单击某一学校名称，将会进入到该学校网站。

例题解析：

① 第 4 行中，< A >和</A >标记符中间的文本是能够显示在网页上的内容。< A >标记的 href 属性标明链接到的目的地址。

② 如果是链接到邮箱，则代码如下：

< A href = "mailto:邮箱" >链接标题</A >

例如，< A href="mailto:jyjs217@163. com" >请给我发邮件</A >

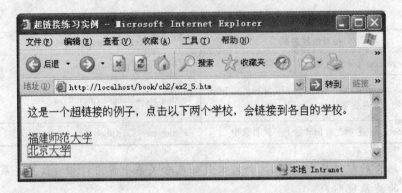

图 2-5 超链接练习

③ 本例代码中没有 < HEAD > 标记。在网页中 < HEAD > 和 < BODY > 标记符并不是网页必须具有的。如果没有 < HEAD > 和 < BODY > 标记符,则代码中的文本默认为是在 < BODY > 中。

2.2.5 块标记

块标记包括 DIV 和 SPAN 两种标记,DIV 称为层标记,有时也称为块标记。利用 DIV 标记和 CSS 的定位技术可以做出相当出色的效果。SPAN 标记和 DIV 标记的语法基本一致,但也有区别,如图 2-6 所示,DIV 标记会对文本所在整行起作用,而 SPAN 只对文本所在区域起作用。

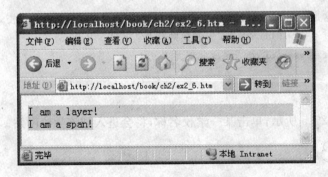

图 2-6 DIV 和 SPAN 标记

【例 2-6】 DIV 标记和 SPAN 标记。

文件名为 ex2_6. htm,代码如下:

```
1   < HTML >
2   < BODY >
3     < DIV id = "mydiv" style = "background:yellow" > I am a layer!  </DIV >
```

```
4       < SPAN id = "myspan" style = "background:yellow" > I am a span! < /SPAN >
5     < /BODY >
6   < /HTML >
```

2.2.6　扩展实例训练——制作图片新闻网页

【例 2-7】　制作图片新闻网页，为图片添加超链接，效果如图 2-7 所示。

文件名为 ex2_7.htm(代码参见下载源码)。

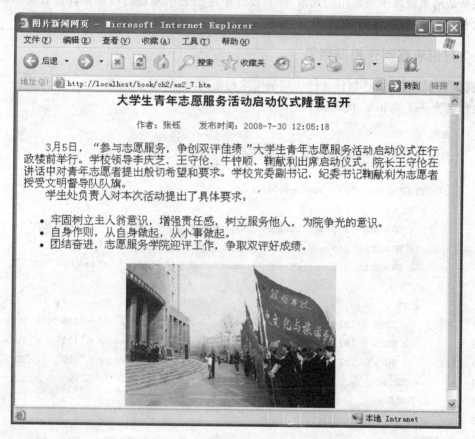

图 2-7　为图片添加超链接效果

提示：

① 新闻中标题行、作者行和正文的字体、字号和对齐方式均不完全相同，可用 DIV 标记实现。

② 项目符号用 < UL > 和 < LI > 标记符实现。

③ 图片添加超链接的代码如下：

< A href = "images/volunteer. jpg" > < IMG src = "images/volunteer. jpg" width = "160" height = "100" > < /A >

2.3 表 格

表格是网页设计中最常用的元素,网页设计中常用表格来进行布局设计。表格不但可以固定文本或图像的输出,而且还可以任意地设置背景和前景颜色。

2.3.1 利用表格制作相册网页

【例 2 - 8】 利用表格制作 2 行 3 列的宝宝相册网页,如图 2 - 8 所示。

文件名为 ex2_8. htm,代码如下：

```
1    < HTML >
2    < HEAD > < TITLE >表格的使用 < /TITLE > < /HEAD >
3    < BODY >
4      < TABLE width = "472" border = "1">
5        < TR >
6          < TD width = "150" > < IMG src = "images/baby1. jpg" width = "150" height = "100" > < /TD >
7          < TD width = "150" > < IMG src = "images/baby2. jpg" width = "150" height = "100" > < /TD >
8          < TD width = "150" > < IMG src = "images/baby3. jpg" width = "150" height = "100" > < /TD >
9        < /TR >
10       < TR >
11         < TD > < IMG src = "images/baby4. jpg" width = "150" height = "100" > < /TD >
12         < TD > < IMG src = "images/baby5. jpg" width = "150" height = "100" > < /TD >
13         < TD > < IMG src = "images/baby6. jpg" width = "150" height = "100" > < /TD >
14       < /TR >
15     < /TABLE >
16   < /BODY >
17   < /HTML >
```

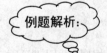 例题解析：

① 表格由行(TR)和单元格(TD)组成,其 HTML 代码的基本结构如下:

图 2-8　表格的使用

< TABLE >	表格的开始标记
< TR >	行开始标记
< TD >	单元格开始标记
⋮	单元格内容(单元格内容只能填在此位置)
</TD >	单元格结束标记
< TD >	
⋮	
</TD >	
⋮	多单元格时重复内容,同上
</TR >	行结束标记
⋮	表格的第二行及单元格代码,同上
</ TABLE >	表格结束标记

②　TABLE、TR、TD 等标记符都是既有开始标记,也有结束标记,表格中的内容只能放在 < TD > 和 </TD > 之间,放在其他位置将不能正确显示。

2.3.2　表格标记及常用属性

1. TABLE 标记符

< TABLE > </TABLE > 标记用来创建一个表格,其常用属性如表 2-3 所列。

表 2－3　表格的常用属性

属　性	用　途
Border	表格边框宽度
Width	整个表格的宽度
Height	整个表格的高度
Background	表格背景图像
Align	整个表格的对齐方式,主要有 3 个值,left、center、right 分别表示左、中、右三种对齐方式
Bgcolor	整个表格的背景颜色
Bordercolor	表格边框颜色
Cellspacing	表格间格线宽度
Cellpadding	表格内容与格线之间的宽度

2. TR 标记符

＜ TR ＞＜/TR ＞标记符用来创建表格中的一行,表格有多少行就有多少对＜ TR ＞标记。＜ TR ＞标记具有表 2－4 所列的属性。

表 2－4　行(TR)标记符常用属性

属　性	用　途
Bgcolor	内容行的背景颜色
Border	内容行的边框宽度
Background	内容行的背景图象
Align	整行内容的水平对齐方式,主要有 3 个值,left、center、right 分别表示左、中、右三种对齐方式
Valign	整行内容的垂直对齐方式,主要有 3 个值,top、middle、bottom 分别表示上、中、下三种对齐方式
Bordercolor	内容行的边框颜色

3. TD 标记符

＜ TD ＞＜/TD ＞标记符用来设置表格中的一个单元格的内容及格式。单元格中可以包含文本、图像、列表、段落、表单、水平线、表格,等等。＜ TD ＞标记具有表 2－5 所列的属性。

表 2－5　单元格(TD)标记符常用属性

属　性	用　途
Bgcolor	单元格的背景颜色
Border	单元格的边框宽度

续表 2-5

属　性	用　途
Background	单元格的背景图像
Align	单元格内容的水平对齐方式,主要有 3 个值,left、center、right 分别表示左、中、右三种对齐方式
Valign	单元格内容的垂直对齐方式,主要有 3 个值,top、middle、bottom 分别表示上、中、下三种对齐方式
Colspan	单元格横向跨越所占的格数
Rowspan	单元格纵向跨越所占的格数

2.3.3　扩展实例训练——美化相册网页

【例 2-9】　利用表格制作如图 2-9 所示的宝宝相册网页。

文件名为 ex2_9.htm(代码参见下载源码)。

图 2-9　宝宝相册网页

提示:

① 用表格布局页面时,要设计好表格、单元格、单元格间距以及单元格中图像的宽度关系,以便于调整。

② 单元格中的颜色要通过 < TR > 和 < TD > 的 bgcolor 属性来设置。

③ 当单元格中嵌套表格时,为了便于调整,外面的表格宽度一般用绝对值,单元格中的表格宽度一般用相对值。调整时只需调整外面表格和单元格的宽度即可。

2.4　表　单

表单的功能是收集用户信息,实现系统与用户的交互。例如,会员账户的注册、登录等都是典型的例子。

2.4.1　登录表单的制作

下面通过一个登录表单的制作实例了解表单的相关知识。

【例 2 - 10】　利用表格制作如图 2 - 10 所示的表单网页。

文件名为 ex2_10. htm,代码如下:

```
1    < HTML >
2    < HEAD > < TITLE > 登录表单网页 < /TITLE > < /HEAD >
3    < BODY
4    < FORM name = "form1" action = "ex4_3_1.asp" method = "post" >
5    < TABLE width = "300" border = "1" align = "center" cellpadding = "0" cellspacing = "1" >
6     < TR >
7       < TD height = "26" colspan = "2" align = "center" > 用户登录 < /TD >
8     < /TR >
9     < TR >
10      < TD align = "right" > 用户名称: < /TD >
11      < TD > < INPUT name = "UserName"  type = "text"  maxlength = "20" > < /TD >
12     < /TR >
13     < TR >
14      < TD align = "right" > 用户密码: < /TD >
15      < TD > < INPUT name = "password"  type = "password" maxlength = "20" > < /TD >
16     < /TR >
17     < TR >
18      < TD height = "21" colspan = "2" align = "center" >
19       < INPUT type = "submit" name = "submit" value = " 确  认 " >
20         
21       < INPUT name = "reset" type = "reset"  value = " 清  除 " >
22      < /TD >
23     < /TR >
```

```
24          </TABLE>
25       </FORM>
26     </BODY>
27  </HTML>
```

运行结果如图 2-10 所示。

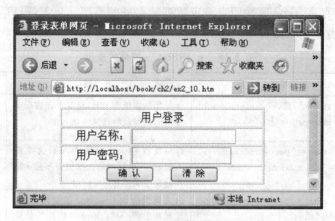

图 2-10　登录表单的制作

① 表单用标记 < FORM > 表示,表单主要有 action 和 method 两种方法,含义如下:

action　指定一个地址网页,当提交表单时,表单将该表单中的信息提交给 action 方法指定的网页进行处理。

method 指表单中信息提交的方法,有 get 和 post 两种方法。

② 表单控件有 < INPUT >、< SELECT >、< TEXTAREA > 等多种类型,此例中只用到输入控件 < INPUT >。< INPUT > 表单控件有 name、type 和 value 等多个属性,含义如下:

name　标识该控件的名称。

type　标识该控件的类型,其中 text 表示输入的是文本,password 表示输入的是密码。
　　　另外,还有 radio、checkbox、file、hidden、submit 和 reset 等多种类型。

表单控件必须放在 < FORM > 和 </FORM > 中,否则不能提交。

③ 提交的信息需要用 ASP 对象接收,并将接收的信息写到数据库中,表单的深入学习需结合第 4 章 Request 对象和第 6 章中的数据库知识进行。

2.4.2　表单常用控件及属性

表单用于网页的互动,其大致原理是:用户通过填写 HTML 页面的表单,提交后将信息发送到服务器上,由服务器端执行相应程序并将处理结果返回到 HTML 页面。表单中用到的控件有 < INPUT >、< SELECT > 和 < TEXTAREA >。

1. 用户输入控件< INPUT >

< INPUT >标记是表单中最常用的控件,其用来定义一个用户输入区,用户可在其中输入或选择信息。其最主要的两个属性是:name 属性和 type 属性。name 属性用于区分同一表单中的其他数据储存域,type 属性用来设定数据储存域的类型。< INPUT >提供了 11 种类型的输入区域,如表 2-6 所列。

表 2-6　< INPUT >控件的类型

类　型	代码举例	说　明	运行结果
文本框	< INPUT type="TEXT" name="text1" size="12" maxlength="100" >	type 属性取值为 text,设定了该数据储存域的类型是单行文本输入框	zhangyu
密码框	< INPUT type="password" name="pwd" size="12" maxlength="100" >	type 属性为 password,与单行文本输入框相似,运行时输入框里并不显示输入的文字而是显示"＊"	●●●●●●
单选按钮	< INPUT name="sex" type="radio" value="male" checked >男 < INPUT name="sex" type="radio" value="female" >女	type 属性为 radio,name 值相同,只能选择其中的一项,checked 属性将使该选项成为默认选项	◉ 男 ○ 女
复选框	< INPUT type="checkbox" name="love" value="0" checked > HTML 教程 < BR > < INPUT type="checkbox" name="love" value="1" > CSS 教程 < BR > < INPUT type="checkbox" name="love" value="2" > Javascript 教程	type 属性为 checkbox,name 值相同,能同时选择多项,checked 属性将使该选项成为默认选项	☑HTML教程 ☐CSS教程 ☐ JavaScript教程
文件框	< INPUT type="file" >	type 属性为 file,提供一个文本框和一个浏览按钮,用于查找文件	浏览...
按钮	< INPUT type="button" value="确定" >	type 属性为 button,提供一个命令按钮	确定
提交按钮	< INPUT type="submit" value="提交" >	type 属性为 submit,点击此按钮,将提交表单中所有的信息	提交
重置按钮	< INPUT name="reset1" type="reset" value="重写" >	type 属性为 reset,点击此按钮,将清除表单中所有的信息	重写
隐藏域	< INPUT type="hidden" name="wd" value="10" >	type 属性为 hidden,隐藏域可以用来保存一些不让用户在页面看到的数据,如传递参数	

2. SELECT 标记和 OPTION 标记

SELECT 标记和 OPTION 标记主要用于制作下拉菜单。SELECT 标记用于建立一个下拉选择菜单域;OPTION 标记建立下拉选择菜单域的选项。

SELECT 标记的主要属性有:

name　　　区分同一表单中的其他域。

size　　　设定下拉菜单同时显示选项数目。

OPTION 标记的主要属性有:

value　　　选项值。

selected　设为默认选项,该属性不用设置属性值,只加入属性名即可将该选项设为默认选项。

【例 2 – 11】　制作下拉菜单。

文件名为 ex2_11.htm,代码如下:

```
1    < FORM name = "city" action = "" >
2      请选择你最喜欢的一个城市:
3      < SELECT name = "select" >
4        < OPTION value = "1" > 北京 < /option >
5        < OPTION value = "2" selected = "selected" > 广州 < /option >
6        < OPTION value = "3" > 哈尔滨 < /option >
7        < OPTION value = "4" > 拉萨 < /option >
8        < OPTION value = "5" > 乌鲁木齐 < /option >
9      < /SELECT >
10   < /FORM >
```

网页运行结果如图 2 – 11 所示。

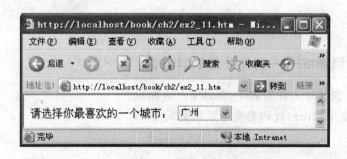

图 2 – 11　下拉框使用示例

例题解析：

① SELECT 标记的 name 属性在 < SELECT > 标记中，而 value 属性在 < OPTION > 中。这是与 INPUT 标记不同之处。

② 在 < OPTION > 和 < /OPTION > 之间的文本是网页中显示的文本，而提交表单时，提交的是 value 属性指定的值。

3. TEXTAREA 标记

TEXTAREA 标记用于建立一个多行文本输入域，TEXTAREA 标记的主要属性有：

name   该 TEXTAREA 区域的名称，用于区分同一表单中的其他域。

rows   该 TEXTAREA 区域的行数（垂直方向）。

cols   该 TEXTAREA 区域的列数（水平方向）。

例如，下列代码可显示如图 2 - 12 所示的多行文本输入区域。

```
< FORM name = "form1" action = "" >
    请输入留言：< BR >
    < TEXTAREA name = "s" cols = "35" rows = "5" > < /TEXTAREA >
< /FORM >
```

图 2 - 12   TEXTAREA 标记显示的结果

2.4.3   扩展实例训练——制作注册表单网页

【**例 2 - 12**】 制作个人注册表单，如图 2 - 13 所示。

文件名为 ex2_12.htm（代码参见下载源码）。

提示：

① 所有的表单控件都须放在 < FORM > 和 < /FORM > 中。

② 为了能正确提交信息，所有的表单控件都要有不重复的 name 值和 value 值，FORM 标记的 action 方法要设定正确的动态网页地址，关于 action 方法指定动态网页如何接收信息，请参见第 4 章例 4 - 4。

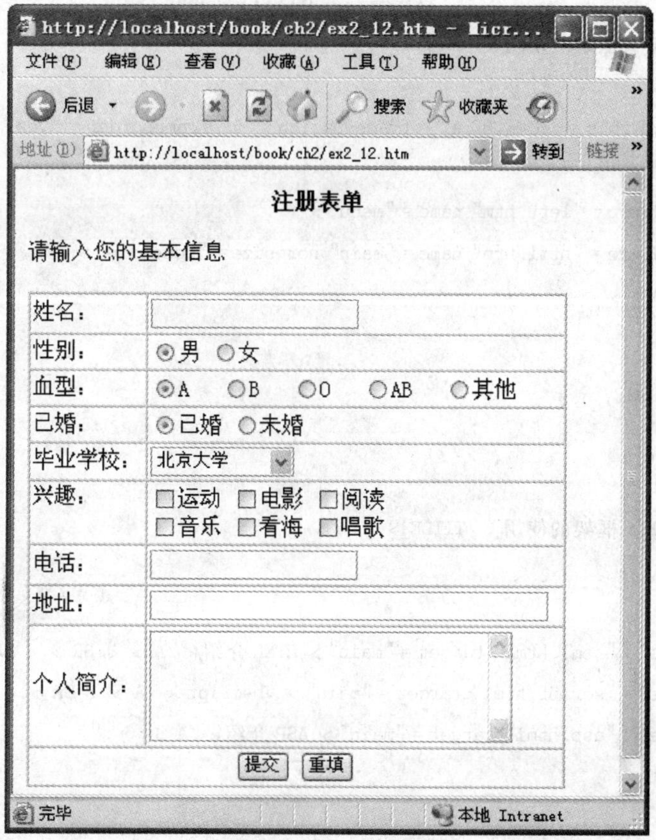

图 2-13 注册表单

2.5 框 架

框架就是把一个浏览器窗口划分为若干个小窗口,每个窗口可以显示不同的 URL 网页。使用框架可以非常方便地在浏览器中同时浏览不同的页面效果,也可以非常方便地完成导航工作。

2.5.1 初步使用框架布局网页

【例 2-13】 使用框架制作左右两分的网页,左侧部分显示菜单,右侧部分显示与左侧菜单相对应的内容,单击左侧栏目时,在右侧显示该栏目的具体内容,如图 2-14 所示。

文件名为 ex2_13.htm,代码如下:

```
1    < HTML >
```

```
2     < HEAD >
3       < TITLE > 框架的使用 < /TITLE >
4     < /HEAD >
5     < FRAMESET cols = "20 % ,80 % "   framespacing = "1" frameborder = "yes" border = "1" border-
color = "#FF00FF" >
6       < FRAME src = "left. htm" name = "menu" >
7       < FRAME src = "html. htm" name = "main" noresize = "noresize" >
8     < /FRAMESET >
9     < /HTML >
```

文件名：left. htm。

```
1     < HTML >
2     < HEAD >
3       < TITLE > 框架的使用 < /TITLE >
4     < /HEAD >
5     < BODY >
6     < A href = "html. html" target = "main" > HTML 介绍 < /A > < BR > < BR >
7     < A href = "script. html" target = "main" > Vbscript < /A > < BR > < BR >
8     < A href = "asp. html" target = "main" > ASP 介绍 < /A >
9     < /BODY >
10    < /HTML >
```

html1. htm、script. htm 和 asp. htm 分别显示 HTML 简介、VBScript 和 ASP 简介，代码请参见本书所附光盘中的相应文件。

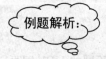
例题解析：

① 结合本例，理解与框架相关的几个概念。

框架集（FRAMESET）和框架（FRAME）：ex2_13. htm 把整个浏览器分为两个区域，每一个区域都叫框架（FRAME），左侧的框架（FRAME）称为 menu，右侧的称为 main，它们由 FRAME 的 name 属性决定。这两个框架都包含在一个大的区域内，这个大的区域称为框架集（FRAMESET）。

框架集网页：划分框架集和框架的网页称为框架集网页，它只是把网页进行了区域的划分，并没有实际的内容。此例中 ex2_13. htm 即是一个框架集网页。

框架网页：框架区域中显示的网页称为框架网页，本例中 left. htm、html. htm、script. htm

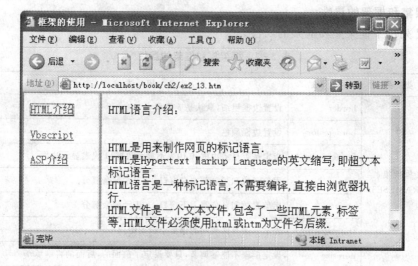

图 2-14　使用框架布局网页

和 asp. htm 都是框架网页。

② FRAMESET 标记的 cols 属性决定了框架左右划分的比例,FRAME 标记的 src 属性指定了在本框架中显示哪个框架网页,name 属性指定该框架的名称。

2.5.2　框架的构成

1. 构　成

在网页中,框架的语法格式为:

```
< HTML >
    < HEAD >
    < /HEAD >
    < FRAMESET >
        < FRAME src = "url 地址 1" >
        < FRAME src = "url 地址 2" >
    ⋮
    < /FRAMESET >
< /HTML >
```

其中,FRAMESET 定义了一个框架集,FRAME 定义了框架集内的框架。框架的 src 属性指定了一个 HTML 文件(这个文件必须事先做好)地址,地址路径一般使用相对路径。框架集网页显示时,这个文件将载入相应的窗口中。

2. 框架集和框架的属性

表2－7列出了框架集和框架的属性。

表 2－7　框架集和框架的属性

类　别	属　性	描　　述
框架集 FRAMESET	border	设置边框粗细，默认是 5 像素
	bordercolor	设置边框颜色
	frameborder	指定是否显示边框：0 代表不显示边框，1 代表显示边框
	cols	用象素数和％分割左右窗口，＊表示剩余部分
	rows	用象素数和％分割上下窗口，＊表示剩余部分
	framespacing	表示框架与框架间的保留空白的距离
	noresize	设定框架不能够调节，只要设定了前面的，后面的将继承
框架 FRAME	src	指示加载的 URL 文件的地址
	bordercolor	设置边框颜色
	frameborder	指示是否要边框，1 显示边框，0 不显示(不提倡用 Yes 或 No)
	border	设置边框粗细
	name	指示框架名称，是连结标记的 target 所要的参数
	noresize	指示不能调整窗口的大小，省略此项时就可调整
	scorlling	指示是否要滚动条，auto 根据需要自动出现，Yes 表示有，No 表示无
	marginwidth	设置内容与窗口左右边缘的距离，默认为 1
	marginheight	设置内容与窗口上下边缘的边距，默认为 1
	width	框窗的宽及高，默认为 width＝"100" height＝"100"
	align	可选值为 left，right，top，middle 或 bottom

FRAMESET 可以相互嵌套，如常用的上、下、左、右嵌套结构的框架代码如下：

```
< FRAMESET  rows = "20%,*" >
  < FRAME  src = "top.htm" >
  < FRAMESET  cols = "200,600" >
    < FRAME  src = "left.htm" >
    < FRAME  src = "right.htm" >
  < /FRAMESET >
< /FRAMESET >
```

注意:在网页中使用框架时,代码中不能有 < BODY > 标记符。

2.5.3 扩展实例训练——制作上、左、右三分结构框架网页

【例2-14】 使用框架的嵌套,制作如图2-15所示的三分结构框架网页。网页分上、左、右三部分,左侧部分显示菜单,运行网页时,右侧部分显示课程介绍,单击左侧栏目时,在右侧显示该栏目的具体内容。

文件名为 ex2_14.htm(代码参见下载源码)。

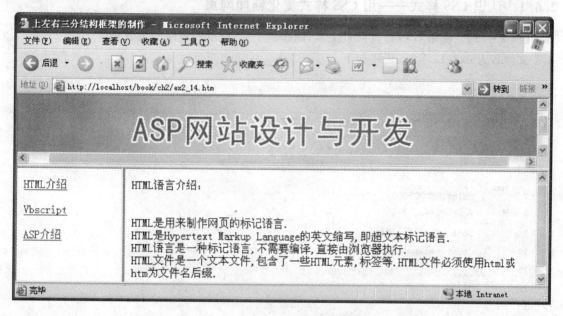

图2-15 上、左、右三分框架网页

提示:

① 本例共须制作7个网页,分别是框架集网页、3个框架网页和3个链接网页。

② 由图2-14可看出,当左侧或上侧框架网页内容较少时,整个网页布局欠紧凑,因此可使用表格结合浮动框架 IFRAME 来实现。

< IFRAME > 的参数设定格式为:

< IFRAME src="框架网页" name=" " align=" " width="" height="" >

IFRAME 的属性与 FRAME 的基本相同。

2.6 CSS 样式

CSS 是 Cascading Style Sheets(层叠样式表单)的简称。它对网页中的布局、字体、颜色、背景和其他图文效果能够实现更加精确的控制。例如,只通过修改一个文件就可改变页数不定的网页的外观和格式,能大大提高网页制作的效率,它为大部分网页的创新奠定了基础。

2.6.1 认识 CSS 样式——用 CSS 样式美化新闻网页

【例 2 - 15】 使用 CSS 修改网页文本,制作例 2 - 7 所示的新闻网页效果。

文件名为 ex2_15.htm,代码如下:

```
1    < HTML >
2    < HEAD >
3    < TITLE >用 CSS 美化新闻网页 < /TITLE >
4    < STYLE >
5    .css1
6    {
7     color: #000000;
8     font - size:18px;
9     font - family:"黑体";
10     text - align:center;
11    }
12    .css2
13    {
14      color:blue;
15      font - size:12px;
16      font - family:"黑体";
17      text - align:center;
18    }
19    .css3
20    {
21      color: #000000;
22      font - size:13px;
23      font - family:"宋体";
24    }
25    < /STYLE >
26    < /HEAD >
27    < BODY >
```

28　　　　< DIV class = "css1" > 大学生青年志愿服务活动启动仪式隆重召开 < /DIV > < BR >

29　　　　< DIV class = "css2" > 作者:张钰　　发布时间:2008 - 7 - 30 12:05:18 < /DIV > < BR >

30　　　　< DIV class = "css3" >　　　　3 月 5 日,"参与志愿服务,争创双评佳绩"大学生青年志愿服务活动启动仪式在行政楼前举行。学校领导杜立杰、孔守伟、何智厚、王晨出席启动仪式。院长孔守伟在讲话中对青年志愿者提出殷切希望和要求。学校党委副书记、纪委书记王晨为志愿者授受文明督导队队旗。< br >

31　　　　学生处负责人对本次活动提出了具体要求:

32　　　　< UL >

33　　　　< LI > 牢固树立主人翁意识,增强责任感,树立服务他人,为院争光的意识。

34　　　　< LI > 自身作则,从自身做起,从小事做起。

35　　　　< LI > 团结奋进,志愿服务学院迎评工作,争取双评好成绩。

36　　　　< /UL >

37　　　< /DIV >

38　　< DIV align = "center" > < A href = "images/volunteer. jpg" > < IMG src = "images/volunteer. jpg" width = "307" height = "214" border = "0" > < /A > < /DIV >

39　　< /BODY >

40　< /HTML >

例题解析:

① 使用 CSS 时,在 < HEAD > 标记中加上 < STYLE type = "text/css" > 标记,CSS 样式的具体内容放在 < STYLE > 和 < /STYLE > 之间。

② 5～11 行,12～18 行,19～24 行分别定义 3 个 CSS 样式,定义 CSS 样式的基本格式为:

样式名

{

　　属性 1:值 1;

　　属性 2:值 2;

　　⋮

}

本例使用的是类样式,类样式命令时在名称前加".",另外,还有标记样式、ID 选择符样式等。

③ 28～30 行分别引用了 3 个 CSS 类样式,引用类样式的方式是在标记符中加上"class = 'CSS 样式名'"。

网页运行结果同图 2 - 7 所示。

2.6.2　CSS 样式的加载方式

使用 CSS 来格式化网页,共有 3 种方式,即在 HEAD 中引用,在 BODY 内引用和作为文件来引用。

1. HEAD 内引用

这种引用方式是在 HTML 文件中的 < HEAD > 和 </HEAD > 之间加入 < STYLE > </STYLE > 标记,在 STYLE 标记中加入 CSS 代码来定义样式。这样定义好的样式可以在该 HTML 中的各个 HTML 标记中引用,如例 2 - 15 中的样式即属于这种引用方式,在 FONT、SPAN 和 DIV 标记中均可引用。

这种引用方式适合在同一网页的不同元素重复使用样式。

2. 在 BODY 内引用

在 BODY 内引用主要是在 HTML 标记内引用,只要将相关属性和值放到对应的标记中即可。这种方法适合为特定的元素指定特定的样式。

【例 2 - 16】 BODY 内引用 CSS 样式。

文件名为 ex2_16. htm,代码如下:

```
1    < HTML >
2      < HEAD > < TITLE > 在 BODY 内引用样式 < /TITLE > < /HEAD >
3      < BODY >
4        < DIV style = "color:#000000;font - size:18px;font - family:黑体;text - align:center;"
>大学生青年志愿服务活动启动仪式隆重召开 < /DIV > < BR >
5        < DIV  align = "center" style = "color:blue;font - size:12px;" > 作者:张钰      发布时间:
2008 - 7 - 30 12:05:18 < /DIV > < BR >
6        < FONT style = "background:yellow;font - size:13px;" > 3 月 5 日,"参与志愿服务,争创双评
佳绩"大学生青年志愿服务活动启动仪式在行政楼前举行…… < /FONT > < BR >
7      < /BODY >
8    < /HTML >
```

运行结果如图 2 - 16 所示。

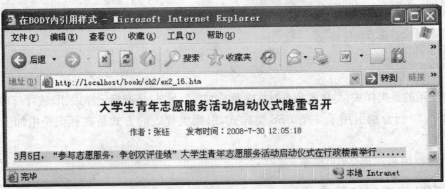

图 2 - 16   在 BODY 内引用 CSS 样式

3. 文件外引用

在 HTML 文件头中的〈HEAD〉和〈/HEAD〉之间加入〈LINK〉标记,用 LINK 标记连接

外部样式表文件。LINK 标记有 3 个属性用来表示如何连接文件的属性。rel 属性和 type 属性表明要连接的外部文件的种类,如果连接的是 CSS 样式表文件,则 rel＝"stylesheet" type＝"text/css";href 属性指定想要连接的外部文件的地址。

【例 2－17】　外部 CSS 样式文件的使用。

引用外部样式的网页文件 ex2_17.htm 与例 2－15 中文件 ex2_15 相似,只是 HEAD 标记内代码不同。

文件名为 ex2_17.htm,代码如下:

```
1    < HTML >
2      < HEAD >
3        < TITLE >外部 CSS 样式文件的使用 </TITLE >
4      < LINK rel = "Stylesheet" type = "Text/css" href = "style/css.css" >
5      </HEAD >
6    < BODY >
7        < DIV class = "css1" >大学生青年志愿服务活动启动仪式隆重召开 </DIV > < BR >
8        < DIV class = "css2" >作者:张钰      发布时间:2008－7－30 12:05:18 </DIV > < BR >
< BR >
9        < FONT class = "css3" >        3 月 5 日,"参与志愿服务,争创双评佳绩"大学生青年志愿服
务活动启动仪式在行政楼前举行。学校领导杜立杰、孔守伟、何智厚、王晨出席启动仪式。院长孔守伟在讲话
中对青年志愿者提出殷切希望和要求。学校党委副书记、纪委书记王晨为志愿者授受文明督导队队旗。
< br >
10         学生处负责人对本次活动提出了具体要求:
11         < UL >
12           < LI >牢固树立主人翁意识,增强责任感,树立服务他人,为院争光的意识。
13           < LI >自身作则,从自身做起,从小事做起。
14           < LI >团结奋进,志愿服务学院迎评工作,争取双评好成绩。
15         </UL > </FONT >
16       </FONT >
17       < DIV align = "center" > < A href = "images/volunteer.jpg" > < IMG src = "images/volun-
teer.jpg" width = "307" height = "214" border = "0" > </A >
18         </DIV
19       </BODY >
20   </HTML >
```

文件名为 css.css,代码如下:

```
1    .css1
```

```
2    {color:#000000;font-size:18px;font-family:"黑体";TEXT-align:center;}
3    .css2
4    {color:blue;font-size:12px;font-family:"黑体";TEXT-align:center;}
5    .css3
6    {color:#000000;font-size:13px;font-family:"宋体";}
```

运行网页文件 ex2_17.htm,结果见图 2-7。

① 外部文件引用 CSS 时,CSS 样式定义在一个外部 CSS 文件(本例是 css.css)中,而在使用样式的文件(本例是 ex2_17.htm)中,在 HEAD 区内通过 LINK 标记链接外部 CSS 文件,例如 ex2_17.htm 中第 4 行所示。在网页中引用某样式时,同在 HEAD 内引用一样,例如第 7、8、9 行所示。

② CSS 作为外部文件引入的方式除了链接外,还可以导入。代码如下:

```
< STYLE type = "text/css">
@ import url(images/css.css)
< /STYLE >
```

③ 外部文件样式适合在同一网站的不同网页重复使用样式,这样就可以通过只修改一个样式外表文件而改变整个网站的多个网页的外观。

如果在一个网页文件中同时存在上述 3 种 CSS 样式,哪个标记离格式化文本最近,则哪个起作用。

2.6.3　CSS 的常用参数

CSS 功能非常强大,它可以修饰的网页外观包括文字、背景、边框、定位、列表和滤镜。每一类的参数较多,表 2-8 列出了 CSS 常用的参数。

表 2-8　CSS 常用的参数

属性种类	属性名称	属性含义	属性值
字体属性	font-family	使用什么字体	所有的字体
	font-style	字体是否斜体	normal、italic、oblique
	font-variant	是否用小体大写	normal、small-caps
	font-weight	字体的粗细	normal、bold、bolder、lither 等
	font-size	字体的大小	absolute-size、relative-size、length、percentage 等

续表 2 - 8

属性种类	属性名称	属性含义	属性值
颜色和背景属性	color	定义前景色	颜色
	background-color	定义背景色	颜色
	background-image	定义背景图案	路径
	background-repeat	重复方式	repeat-x、repeat-y、no-repeat
	background-attachment	设置滚动	scroll、fixed
	background-position	初始位置	percentage、length、top、left、right、bottom 等
文本属性	word-spacing	单词之间的间距	normal〈length〉
	letter-spacing	字母之间的间距	normal〈length〉
	text-decoration	文字的装饰样式	none｜underline｜overline｜line-through｜bLINK
	text-transform	文本转换	capitalize｜uppercase｜lowercase｜none
	text-align	对齐方式	left｜right｜center
	line-height	文本的行高	normal｜〈number〉｜〈length〉｜〈percentage〉
边距属性	margin-top	顶端边距	length｜percentage｜auto
	margin-right	右侧边距	length｜percentage｜auto
	margin-bottom	底端边距	length｜percentage｜auto
	margin-left	左侧边距	length｜percentage｜auto
填充距属性	padding-top	顶端填充距	length｜percentage
	padding-right	右侧填充距	length｜percentage
	padding-bottom	底端填充距	length｜percentage
	padding-left	左侧填充距	length｜percentage
边框属性	border-top-width	顶端边框宽度	thin｜medium｜thick｜length
	border-right-width	右侧边框宽度	thin｜medium｜thick｜length
	border-bottom-width	底端边框宽度	thin｜medium｜thick｜length
	border-left-width	左侧边框宽度	thin｜medium｜thick｜length
	border-width	一次定义宽度	thin｜medium｜thick｜length
	border-color	设置边框颜色	color
	border-STYLE	设置边框样式	none｜dotted｜dash｜solid 等
	border-top	一次定义顶端	border-top-width｜color 等
	border-right	一次定义右侧	border-top-width｜color 等
	border-bottom	一次定义底端	border-top-width｜color 等
	border-left	一次定义左侧	border-top-width｜color 等
	width	定义宽度属性	length｜percentage｜auto
	height	定义高度属性	length｜auto

2.6.4 CSS 与标记对应的 3 种方式

匹配 HTML 标记和 CSS 样式标记有 3 种方式：HTML 标记选择符、类选择符和 ID 选择符。

1. HTML 标记选择符

任何 HTML 标记名称都可以命名为一个 CSS 样式名。以 HTML 标记名命名的 CSS 样式自动应用到 HTML 标签中。

【例 2 - 18】 使用 HTML 标记选择符。

文件名为 ex2_18.htm，代码如下：

```
1    < HTML >
2      < HEAD >
3        < TITLE > html 标签样式 < /TITLE >
4        < STYLE >
5          TD{font-size:14px;color:#000000;background-color:#eeeeee}
6          INPUT{font-size:12px;color:blue;}
7        < /STYLE >
8      < /HEAD >
9      < BODY >
10       < TABLE width = "250" border = "0" align = "center" >
11         < TR > < TD width = "34%" colspan = "2" align = "center" >登录系统 < /TD > < /TR >
12         < TR align = "center" >
13           < TD >姓名:< /TD >
14           < TD >  < INPUT type = "text" name = "name1" > < /TD >
15         < /TR >
16         < TR align = "center" >
17           < TD >密码:< /TD >
18           < TD > < INPUT type = "text" name = "pwd1" > < /TD >
19         < /TR >
20         < TR align = "center" >
21           < TD colspan = "2" >
22             < INPUT type = "submit" value = "提交" >
23             < INPUT type = "submit" value = "清空" >
24           < /TD >
25         < /TR >
26       < /TABLE >
27     < /BODY >
28   < /HTML >
```

运行结果如图 2-17 所示。

图 2-17　使用 HTML 标记选择符

第 5、6 行定义了一个名称为 TD 和 INPUT 的 CSS 样式,因为 TD 和 INPUT 是 HTML 标签名称,因此,这两种样式将自动应用到网页中有 TD 和 INPUT 标记的地方。由图 2-17 图可见,单元格中的背景和文字与定义 TD 样式相吻合;而文本框、密码框和按钮与〈INPUT〉定义的样式相吻合。

2. 类选择符

类选择符是用户自己定义的样式,在 STYLE 标记中以".样式名称"命名并定义,在 HTML 标记中使用 class="样式名称"引用该样式。例 2-15 中 ex2_15.htm 使用的就是类样式。

3. ID 选择符

定义 ID 选择符时,样式名以"♯样式名称"命名,引用时使用"ID=样式名称"。

【例 2-19】 使用 ID 选择符。

文件名为 ex2_19.htm,代码如下:

```
1   < HTML >
2   < HEAD >
3   < STYLE type = text/css >
4     ♯szg{color:blue}
5   < /STYLE >
6   < /HEAD >
7   < BODY >
```

8　　　< DIV ID = szg > 这是 ID 选择符号！< /DIV >

9　　　< /BODY >

10　　< /HTML >

运行结果如图 2－18 所示。

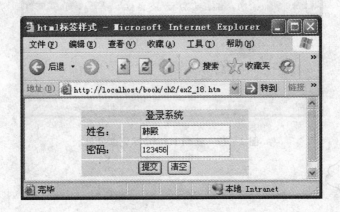

图 2－18　ID 选择符

2.6.5　用 CSS 定义超链接样式

超链接样式属于 HTML 标记选择符，超链接样式有 link、hover、active 和 visited 四种不同的状态，每一种状态都可以定义超链接文字的颜色、字体大小以及其他修饰。各种状态表示的含义如下：

link　　　未被访问时链接的样式。

hover　　鼠标移上去未点击时的样式。

active　　鼠标点击后的样式。

visited　访问过后的链接样式。

【例 2－20】　使用 HTML 标记选择符。

文件名为 ex2_20.htm，代码如下：

```
1　< HTML >

2　< HEAD >

3　　< TITLE > 用 CSS 定义超链接样式 < /TITLE >

4　　< STYLE >

5　　A:link    {text-decoration:underline; color:red; font-weight:normal;}

6　　A:visited{text-decoration:underline; color:green; font-weight:normal;}
```

```
7        A:active {text-decoration:none; color:blue; font-weight:normal;}
8        A:hover   {text-decoration:none; color:gray; font-weight:normal;}
9     </STYLE>
10    </HEAD>
11    < BODY >
12       < A href = "#" >测试超链接的 link、hover、visited、active 的四种状态。 </A >
13    </BODY>
14   </HTML >
```

运行结果如图 2－19 所示。

图 2－19　用 CSS 定义超链接样式

在实际应用时，往往将超链接设为两种颜色样式，即 link 和 visited 设定为一种颜色；hover设定为一种颜色。

2.6.6　扩展实例训练——外部样式表的应用

【例 2－21】　用一外部样式文件定义 CSS 样式，并在网页中应用。网页运行结果如图 2－20 所示，其中左边栏目设有超链接样式。

文件名为 ex2_21. htm(代码参见下载源码)。

提示：

① 搜索表单及图片周边的表格边框样式可用 HTML 标记选择符实现；公司简介可通过类选择符实现；左边菜单部分可通过 ID 选择符和链接样式实现。
② 网页的整体布局可用表格实现，也可用 DIV ＋ CSS 实现。

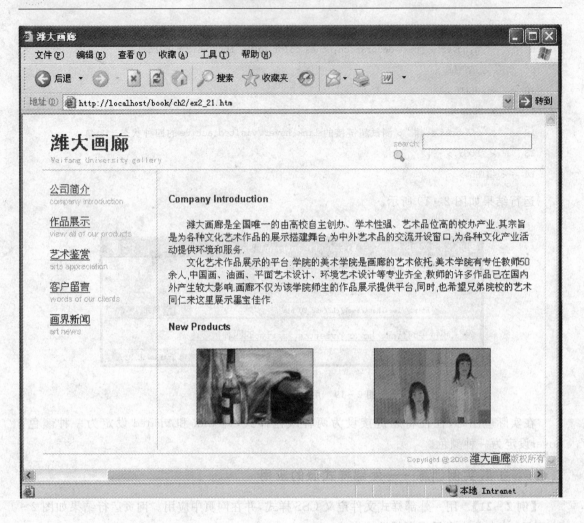

图 2-20　用外部 CSS 文件修改网页

小　结

本章是编程的基础,是初学者必学的内容,应熟练掌握。

表格是整个网页制作的基础,应熟练掌握;表单在学习时应与第 4 章的 Request 对象和 Response 对象联系起来;CSS 是美化和规范网页必不可少的内容,应熟练掌握样式的定义和引用。

习题 2

1. HTML 文档的基本结构分哪几部分？
2. 常用的文本标记有哪些？它们是如何应用的？
3. 举例说明表格标记、图像标记和超链接标记的使用方法。
4. 制作一个注册 QQ 号的表单。
5. 什么是框架集网页、框架、框架网页？如何制作一个上、左、右三分的框架？
6. 与 HTML 标记对应的 CSS 样式有哪几种？如何定义？如何引用？

第 3 章　VBScript 脚本语言

【学习目标】

➢ 掌握 VBScript 语言在网页中的使用规则；

➢ 掌握常用的流程控制语句；

➢ 掌握过程和函数的定义和使用方法。

VBScript(Microsoft Visual Basic Scripting Edition)是程序开发语言 Visual Basic 家族的成员，它将 Script 灵活地应用于更广泛的领域，包括 Microsoft Internet Explorer 中的 Web 客户机 Script 和 Microsoft Internet Information Server 中的 Web 服务器 Script。

本章介绍 ASP 的默认脚本编程语言 VBScript，它是 VB 的 Scripting 版本。开发者可在 HTML 中嵌入 VBScript 代码，通过它可以很方便地操纵网页上的元素，并与 Web 浏览器交互，捕捉用户的操作并做出响应。

3.1　脚本语言基本知识

制作动态网页，有时需要进行程序的控制，例如使用变量进行流程的判断和循环，而 HTML 和 ASP 不能实现这些功能，因此，在网页中必须嵌入脚本语言。脚本语言具有一般编程语言的特点，可以将一个值赋给一个变量，可以命令 Web 服务器发送一个值到客户端，还可以将一系列命令定义成一个过程或函数。与 C、C++、Java 等的区别是，它不用进行编译，而直接解释。VBScript 既可以在客户端被浏览器解释，也可以在服务器端解释。

脚本语言有以下几个特性：

➢ 在客户端执行。完全在用户的计算机上运行，无须经过服务器。

➢ 面向对象。具有内置对象，也可以直接操作浏览器对象。

➢ 动态变化。可以对用户的输入做出反应，也可以直接对用户输出。

➢ 简单易用。脚本语言使用简单，初学者能快速掌握。

➢ 只能与 HTML 语言一起使用，需通过浏览器解释执行。

在 ASP 中，常用的脚本语言有 VBScript 和 Javascript 等。系统默认的语言为 VBScript。

3.1.1　脚本语言在网页中的使用

【例 3 - 1】　在网页中使用脚本语言 VBScript。

文件名为 ex3_1.htm,代码如下:

```
1    < HTML >
2      < HEAD >
3        < TITLE > 在网页中使用脚本语言 VBScript < /TITLE >
4      < /HEAD >
5    < BODY background = "images/bg.gif" text = blue >
6      < P > 你会看到一个消息框,在此行文字显示之后弹出。 < /P >
7      < SCRIPT language = VBScript >
8        MsgBox "Hello,World!"
9      < /SCRIPT >
10     < /BODY >
11   < /HTML >
```

执行结果如图 3-1 所示。

图 3-1　在网页中使用脚本语言 VBScript

① 在网页中插入 VBSscript 语句,应使用〈SCRIPT〉标记。通过〈SCRIPT〉标记的 type 属性指定使用的脚本语言,例如下面的语句规定了使用 VBScript 脚本语言。

```
type = "text/VBScript"
```

语法格式为:

```
< SCRIPT type = "text/VBScript" >
  ⋮
< /SCRIPT >
```

脚本语言既可插在 HTML 文档的〈HEAD〉标记中,也可插在〈BODY〉中。

② 脚本语言在浏览器端解释,并且在 HTML 标记之前解释。

如果在 ASP 页面中指定脚本语言,则可在文件开头用一条声明语句进行指定。需要特别注意的是,该语句一定要放在所有语句之前。例如:

```
< % @ type = "text/VBScript" >
```

有时在〈SCRIPT〉里写的不是"type = "text/VBScript"",而是"language = "VBScript""。目前这两种方法都可以表示〈SCRIPT〉〈/SCRIPT〉里的代码是 VBScript。其中 language 属性在 W3C 的 HTML 标准中,已不再推荐使用。

3.1.2 VBScript 中的数据类型

VBScript 只有一种数据类型,称为 Variant。Variant 是一种特殊的数据类型,根据使用的方式,可分为不同的子类型,如表 3－1 所列。最简单的 Variant 可包含数字或字符串信息。Variant 用于数字上、下文中时作为数字处理,用于字符串上、下文中时作为字符串处理。这就是说,如果使用看起来像是数字的数据,则 VBScript 会假定其为数字并以适用于数字的方式处理。与此类似,如果使用的数据只可能是字符串,则 VBScript 将按字符串处理。当然,也可将数字包含在引号（" "）中使其成为字符串。

因为 Variant 是 VBScript 中唯一的数据类型,所以它也是 VBScript 中所有函数的返回值的数据类型。

表 3－1　Variant 类型的子类型

子类型	描　　述
Empty	未初始化的变量。对于数值变量,值为 0;对于字符变量,值为一零长度的字符串（"　"）
Null	不包含任何有效数据的变量
Boolean	值为 True 和 False
Byte	值为 0～255 的整数
Integer	值为 －32 768～32 767 的整数
Currency	值为 －922 337 203 685 477.5808～922 337 203 685 477.5827
Long	值为 －2 147 483 648～2 147 483 647 的整数
Single	值为单精度浮点数,负数范围为 －3.402 823E38～－1.401 298E－45,整数范围为 1.401 298E－45～3.402 823E38
Double	值为双精度数,负数范围为 －1.797 693 134 862 32E308～－4.940 656 458 412 47E－324,整数范围为 4.940 656 458 412 47E－324～1.797 693 134 862 32E308
Date(time)	值代表某个日期和时间的数字

续表 3 - 1

子类型	描　述
String	包含变长的字符串,最大长度可为 20 亿个字符
Object	包含一个对象
Error	包含错误号

注意:在使用 Variant 类型的数据子类型时,可以使用转换函数来转换数据的子类型,也可以使用 Vartype 函数返回数据的 Variant 子类型。

3.1.3　运算符

VBScript 有一套完整的运算符,包括算术运算符、比较运算符、连接运算符和逻辑运算符。

1. 算术运算符

VBScript 中算术运算的符号、语法格式及运算符功能如表 3 - 2 所列。

表 3 - 2　算术运算符的说明

符　号	使用举例	功能说明
^	result = number^exponent	用于计算数的指数次方
—	—number	取数值表达式的负值
*	result = number1 * number2	用于两个数相乘
/	result = number1/number2	用于两个数值相除并返回以浮点数表示的结果
Mod	result=number1 Mod number2	用于两个数值相除并返回其余数
+	Result=expression1+expression2	用于计算两个数之和
—	result=number1—number2	用于计算两个数值的差

2. 关系运算符

VBScript 中关系运算符有:=(等于)、<>(不等于)、<(小于)、>(大于)、<=(小于或等于)、>=(大于或等于)及 Is(对象引用比较)。其返回值为 True、False 或 Null。关系运算符可用于数值间的比较,也可用于字符串间的比较。当用于字符串间的比较时,将按 ASCII 码值的大小由左向右依次逐个字符进行比较,直到比较出结果为止。

3. 逻辑运算符

VBScript 中逻辑运算符所用符号、语法格式及运算符功能如表 3 - 3 所列,其返回值为 True、False 或 Null。

表 3-3　逻辑运算符的说明

符　号	使用语法格式	功　能
Not	result = Not expression	非,用于对表达式执行逻辑非运算
And	result=expression1 And expression2	与,用于对两个表达式进行逻辑与运算
Or	result=expression1 Or expression2	或,用于对两个表达式进行逻辑或运算
Xor	result=expression1 Xor expression2	异或,用于对两个表达式进行逻辑异或运算
Equ	result=expression1 Equ expression2	等价,用于执行两个表达式的逻辑等价运算
Imp	result=expression1 Imp expression2	隐含,用于对两个表达式进行逻辑隐含运算

4. 连接运算符

连接运算是将两个字符表达式连接起来,生成一个新的字符串。连接字符通常用 & 表示。

语法格式为:

result =表达式1 & 表达式2

使用 & 时,参与连接的两个表达式可以不全是字符串,若表达式不是字符串,则它将被转换为 String 子类型。

5. 运算优先级

当表达式包含多个运算符时,将按预定顺序计算每一部分,这个顺序被称为运算符优先级。可以使用括号越过这种优先级顺序,强制首先计算表达式的某些部分。运算时,总是先执行括号中的运算符,然后再执行括号外的运算符。但是,在括号中仍遵循标准运算符优先级。

当表达式包含多种运算符时,首先计算算术运算符,然后计算关系运算符,最后计算逻辑运算符。所有比较运算符的优先级相同,即按照从左到右的顺序计算比较运算符。

当乘号与除号同时出现在一个表达式中时,按从左到右的顺序计算乘、除运算符。同样,当加与减同时出现在一个表达式中时,按从左到右的顺序计算加、减运算符。

字符串连接运算符 & 不是算术运算符,但是在优先级顺序中,它排在所有算术运算符之后和所有比较运算符之前。Is 运算符是对象引用比较运算符,它并不比较对象或对象的值,而只是进行检查,判断两个对象引用是否引用同一个对象。

3.1.4　变　量

在动态网页中,常用变量来临时存储数据。

1. 声明变量

声明变量的一种方式是使用 Dim、Public 或 Private 语句在 Script 中显式声明变量。例如:

```
Dim   number
```

声明多个变量时,使用逗号分隔变量。例如:

```
Dim   Top, Bottom, Left, Right
```

2. 变量的作用域

VBScript 变量都有相应作用域,作用域由声明变量的位置决定。在过程中声明的变量只有该过程中的代码可以访问或更改变量值,此时变量具有局部作用域并称为过程级变量。在过程之外声明变量可以被脚本中所有过程识别,称为全局变量。

3. 变量名命名规则

变量命名必须遵循 VBScript 的标准命名规则。变量命名必须遵循:

➢ 第一个字符必须是字母。

➢ 不能包含嵌入的句点。

➢ 长度不能超过 255 个字符。

➢ 在被声明的作用域内必须唯一。

【例 3 - 2】　创建脚本语言变量,存入字符串并输出。

文件名为 ex3_2.htm,代码如下:

```
1    < HTML >
2      < HEAD >
3        < TITLE > VBScript 变量的使用 < /TITLE >
4      < /HEAD >
5      < BODY >
6        < SCRIPT type = "text/VBScript" >
7          Dim p_name,b_name,name
8          p_name = "北京航空航天大学出版社"
9          b_name = " ASP 动态网页开发案例教程"
10         name = p_name & " :"&b_name
11         Document.Write(name)
12       < /SCRIPT >
13     < /BODY >
14   < /HTML >
```

运行结果如图 3 - 2 所示。

例题解析:

① Document 是 VBScript 中脚本语言的一个对象,Write 是 Document 对象的一个方法,

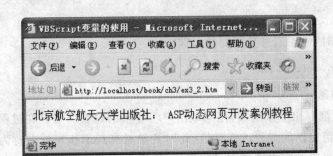

图 3-2　使用脚本语言变量输出字符串

其功能是向浏览器输出变量或字符串。

② 第 10 行中变量与字符串相连时,由于 p_name 和 b_name 是变量,两端不加引号,而":"是字符,因此在两端需加引号,注意必须是英文引号(半角)。

③ 由于 HTML 解释程序不能解释脚本语言,因此变量定义和变量运算的程序部分必须放到〈SCRIPT〉和〈/SCRIPT〉之间。在浏览器解释网页代码时,先由 VBScript 的解释程序解释 SCRIPT 标记间的程序部分,其运行完的结果(即由 Document 对象向浏览器输出的字符串"北京航空航天大学出版社:ASP 动态网页开发案例教程")再作为 HTML 中的 BODY 部分被 HTML 解释程序进行解释。

3.1.5　常　量

VBScript 也可以声明常量,一旦声明了一个常量,该常量的值将不能被改变。例如:

```
Const   top = 21.1
```

上例中,常量 top 被分配了值 21.1。因为 top 是一个常量,所以在脚本中不能再给 top 分配新值。试图改变常量的值将收到错误信息:Illegal Assignment error。

对于不希望在脚本中被改变的数值可使用常量。例如,站点注册费是一个固定价格,应定义为常量。若将来某一天改变这个价格,则可通过手工修改方式更改该常量的值。可以一次定义多个常量,把每个常量定义用逗号隔开即可。例如:

```
< % const   top = 21.1,bottom = 52.5,aa = "Hello!"   % >
```

3.1.6　数　组

数组是一个可以存储一组值的变量。当需要存储一组相关的值时应该使用数组。例如,创建一个数组,用来存储站点上出售的一系列书籍,代码如下:

```
< SCRIPT type = "text/VBScript" >
   Dim   product (100)
```

```
product(0) = "Web 技术导论"
product(1) = "网站编程技术实用教程"
product(2) = "ASP 编程技术与综合实例演练"
</SCRIPT >
```

上例中,Dim 语句声明了一个可以存储 101 个值的数组,VBScript 中数组的下标从 0 开始,因此,每个数组的元素个数都比声明中的数字多 1。声明数组后,如果试图存储更多的数据,将发生错误。注意数组在使用之前必须声明。

声明了一个数组之后,可以用一个索引为数组元素赋值。上例中,索引值为 1 的数组元素被分配了值"网站编程技术实用教程"。若想输出这个元素的值,则可以使用如下语句:

```
< SCRIPT type = "text/VBScript" >
    Document. Write product(1)
</SCRIPT >
```

数组可以是多维的。声明多维数组时,表示数组大小的数字用逗号分隔,数组最大维数可以是 60。例如:

```
Dim array1 (4,6)
```

数组的大小可以在运行时发生变化,这样的数组称为动态数组。动态数组比较灵活方便。声明动态数组时,不要在括号中包含任何数字。例如:

```
Dim myarray ( )
```

使用动态数组时,必须用 Redim 语句分配实际的元素个数。例如:

```
Redim myarray (3)
```

可以用 Redim 语句多次改变元素数目,见例 3-3。

【例 3-3】　创建数组变量,每个数组元素中存入字符变量,并通过变量输出。

文件名为 ex3_3.htm,代码如下:

```
1    < HTML >
2      < HEAD >
3        < TITLE >网页中使用数组变量(Array Variables) </TITLE >
4      </HEAD >
5    < BODY >
6      < SCRIPT type = "text/VBScript" >
7        Dim book(3)
8        book(0) = "WEB 标准化设计:http://www.w3css.com/index.asp"
9        book(1) = "CSS 布局:http://www.w3css.com/css.asp"
```

```
10        book(2) = "网站欣赏:http://www.w3css.com/w3c/"
11        book(3) = "设计理念:http://www.w3css.com/design.asp"
12        totalbook = book(0)&" < BR > "&book(1)&" < BR > "&book(2)&" < BR > "&book(3)&" < BR > "
13        Document.Write(totalbook)
14      < /SCRIPT >
15      < /BODY >
16    < /HTML >
```

当网页中脚本语言和 HTML 标记并存时,浏览器先解释脚本语言,再解释 HTML 标记,流程如图 3-3 所示。最终运行结果如图 3-3 中最下图所示。

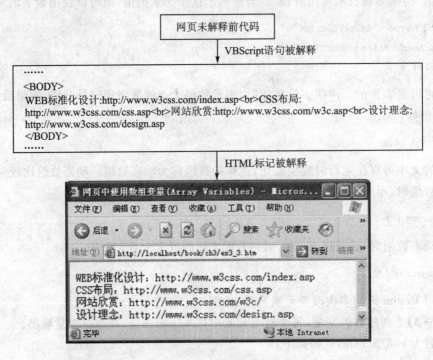

图 3-3　脚本语言和 HTML 标记在网页中的解释顺序

3.2　流程控制语句

默认情况下,脚本中的代码总是按照书写的先后顺序来执行的,但在实际应用中,通常要根据条件的成立与否来改变代码的执行顺序,这时就要使用控制结构。

在 VBScript 中,控制结构主要有条件结构、选择结构和循环结构 3 种情况。

3.2.1　条件语句

条件语句用于判断条件是 True 或 False,并且根据判断结果来指定要运行的语句,语句既可为单条语句,也可以是由多条语句组成的复合语句。条件语句有以下几种形式。

形式 1:

If 条件表达式　Then

　　语句

End if

形式 2:

If 条件表达式　Then

　　语句 1

Else

　　语句 2

End if

形式 3:

If 条件表达式 1　Then

　　语句 1

ElseIf 条件表达式 2 Then

　　语句 2

⋮

Else

　　语句 $n+1$

End If

如果条件表达式 1 的值为 True,则执行语句 1,然后跳出 If 语句;如果条件表达式 2 的值为 True,则执行语句 2,然后跳出 If 语句;……若所有条件表达式的值都不为 True,则执行语句 $n+1$。

【例 3 - 4】　利用条件语句,创建输入成绩并进行是否及格的判断程序。

文件名为 ex3_4. htm,代码如下:

```
1    < HTML >
2    < HEAD >
3      < TITLE > if then else 条件语句 </TITLE >
4    < /HEAD >
5    < BODY >
6      < SCRIPT type = "text/VBScript" >
```

```
7        Dim intgrade
8        intgrade = InputBox("请输入您的分数：")     'inputbox 函数用于用户输入信息
9        Document.Write("您的分数是："&intgrade&" < BR >")
10        If intgrade > = 60 Then
11            Document.Write("恭喜您顺利通过考试!")
12        Else
13            Document.Write("对不起,您没有通过考试,请继续努力!")
14        End If
15      < /SCRIPT >
16    < /BODY >
17    < /HTML >
```

运行结果如图 3-4 所示。

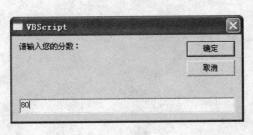

图 3-4　对输入的分数进行判断

3.2.2　选择语句

选择语句 Select Case 提供了 If...Then...Else 结构的一个变通形式,可以从多个语句块中选择执行其中的一个。其功能与 If...Then...Else 结构类似,但可使代码更加简练易读。

语法格式为：

```
Select Case 表达式
    Case 结果 1
      语句 1
    Case 结果 1
      语句 2
      ⋮
    Case 结果 n
      语句 n
    Case Else
```

语句 $n+1$

　　End Select

　　VBScript 首先对表达式进行运算,这个运算可以为数值运算或字符串运算,然后将运算结果依次与结果 1 到结果 n 作比较,当找到与计算结果相等的结果时就执行该语句,执行完毕后就跳出 Select Case 语句。而当运算结果与所有的结果都不相等时,就执行 Case Else 后面的执行语句 $n+1$。

【例 3 - 5】　利用 Select...Case 语句判断当前是本周第几天,星期几,并输出相关信息。

　　文件名为 ex3_5.htm,代码如下:

```
1    < HTML >
2    < HEAD > < TITLE > Select Case 选择语句 < /TITLE > < /HEAD >
3    < BODY >
4    < SCRIPT type = "text/VBScript" >
5        'Date 函数返回当前系统日期,请参考 VBScript 系统函数表
6        'Weekday 函数返回代表一星期中某天的整数。缺省以星期天为第一天,返回值为 1。
7        vDay = Weekday(Date)
8        Document.Write(vDay & " < br >")
9        Select Case vDay
10           Case 1
11              Document.Write("今天是星期天。")
12           Case 2
13              Document.Write("今天是星期一。")
14           Case 3
15              Document.Write("今天是星期二。")
16           Case 4
17              Document.Write("今天是星期三。")
18           Case 5
19              Document.Write("今天是星期四。")
20           Case 6
21              .Document.Write("今天是星期五。")
22           Case else
23              Document.Write("今天是星期六。")
24        End Select
25    < /SCRIPT >
26    < /BODY >
27    < /HTML >
```

执行结果如图 3 - 5 所示。

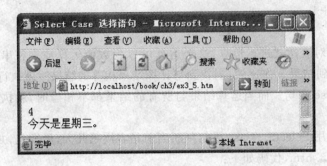

图 3 - 5　用 Select...Case 语句输出当前信息

3.2.3　循环语句

循环结构允许重复执行 1 行或数行代码。在 VBScript 脚本语言中,常用的循环包括 Do 循环和 For 循环。

1. Do 循环

Do...Loop 循环是一种条件型的循环,当条件为 True 时或条件变为 True 之前,重复执行语句块,该循环共有 3 种形式。

形式 1:

Do While〈条件表达式〉

　　语句

Loop

VBScript 首先检查条件表达式的值是否为 True,如果为 True 才会进入循环中执行语句。另外,也可以对语句顺序进行一下调整,使它先进入循环执行一次后再对条件进行判断。

形式 2:

Do

　　语句

Loop While〈条件表达式〉

如果把 Do 循环中的 While 换为 Until,则程序的运行过程和前面类似。不同的是,只要条件为 False 就执行循环。

形式 3:

Do

　　语句

Loop Until〈条件表达式〉

Do 循环语句中可以使用 Exit Do 语句强行中止循环。

【例 3 - 6】　利用 Do While...Loop 循环输出图 3 - 6 所示的结果。

文件名为 ex3_6.htm,代码如下:

```
1    < HTML >
2      < HEAD > < TITLE > Do while...Loop 循环 < /TITLE > < /HEAD >
3      < BODY >
4        < SCRIPT type = "text/VBScript" >
5         intnum = 1
6         Do while intnum < 7
7           Document.Write "循环语句正在执行第"&intnum&"次循环"
8           Document.Write " < BR > "
9           intnum = intnum + 1
10        Loop
11       < /SCRIPT >
12      < /BODY >
13   < /HTML >
```

运行结果如图 3-6 所示。

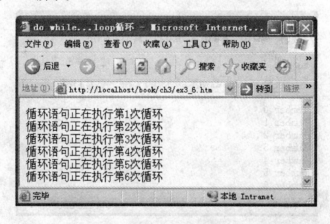

图 3-6　Do While...Loop 循环运行结果

请结合例 3-3 中的图 3-3 分析本例中 VBScript 语言和 HTML 标记解释后的情况。

2. For 循环

For...Next 循环是一种强制性的循环,用于将循环体运行指定的次数。在 For 循环中有一个计数器变量,每重复一次循环,该变量的值都会增加或减少。

其语法结构为:

For 循环变量=初始值 To 结束值[Step 步长值]

　　执行语句

Next

For...Next 循环语句的执行步骤如下：

① 将循环变量设为初始值。

② 测试循环变量是否大于结束值。若是，则退出循环；否则执行循环中的语句。

③ 执行语句运行到 Next 语句时，VBScript 将循环变量值与步长值相加。

④ 从 Next 语句跳转到 For 语句继续执行。

【例 3-7】 利用 For...Next 循环语句输出 number0～number6 七个字符串，每个字符串 1 行。

文件名为 ex3_7.asp，代码如下：

```
< %
  For i = 0 To 6
    Response.Write("Number " & i & "< BR >")
  Next
% >
```

运行结果如图 3-7 所示。

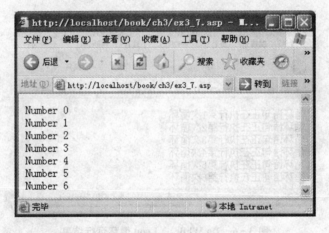

图 3-7 用 For...Next 循环输出字符串

① Response 是 ASP 的一个内置对象，其 Write 方法是可以从服务器向浏览器输出信息。

② < %...% > 表示其中的语句需在服务器端解释，可见 VBScript 不仅在浏览器端执行，也可在服务器端执行。图 3-7 中显示的结果是由服务器解释的直接结果。

如果网页代码改为如下语句，则网页运行结果与图 3-7 相同，但代码是在浏览器端解释，注意比较两种不同的情况。

```
< SCRIPT type = "text/VBScript" >
    For i = 0 To 6
        Response.Write("Number " & i & " < BR >")
    Next
</SCRIPT >
```

3.2.4　扩展实例训练

【例 3 - 8】　用 VBScript 循环语句输出一个 7 行 3 列的表格,如图 3 - 8 所示。
文件名为 ex3_8.htm(代码参见下载源码)。

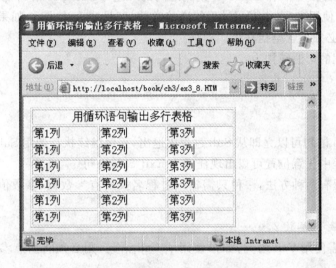

图 3 - 8　用循环语句输出多行表格

> 提示:
>
> ① 首先写出图 3 - 8 中表格的 HTML 代码,再明确应由 VBScript 脚本语言实现循环的部分,即第 2~7 行。
>
> ② 明确 HTML 标记和 VBScript 语言的关系。VBScript 语句之前的〈TABLE〉标记、第一行〈TR〉〈/TR〉标记以及 VBScript 语句之后的〈/TABLE〉标记应正常书写,在 VBScript 语句中需循环的〈TR〉〈TD〉〈/TD〉〈/TR〉标记应用引号引起来,因为在脚本语言中,HTML 标记是作为字符被输出的。

3.3　过程和函数

过程是用来执行特定任务的独立的程序代码。使用过程,可以将程序划分成一个个较小

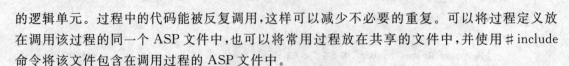

的逻辑单元。过程中的代码能被反复调用,这样可以减少不必要的重复。可以将过程定义放在调用该过程的同一个 ASP 文件中,也可以将常用过程放在共享的文件中,并使用♯include 命令将该文件包含在调用过程的 ASP 文件中。

VBScript 根据是否返回值将过程划分为 Sub 过程(子过程)和 Function 过程(函数)两种。Sub 过程只执行程序而不返回值,因而不能用于表达式中;而 Function 函数可以将执行代码后的结果返回给请求程序。

3.3.1 Sub 过程

Sub 过程是包含在 Sub 和 End Sub 语句之间的一组 VBScript 语句,执行操作但不返回值。Sub 过程可以使用参数(由调用过程传递的常数、变量或表达式)。如果 Sub 过程无任何参数,则 Sub 语句必须包含空括号()。

定义 Sub 过程的语法结构为:

Sub 子程序名(参数 1,参数 2)

⋮

End Sub

使用 Exit Sub 语句可以立即从 Sub 过程中退出,程序继续执行调用 Sub 过程语句之后的语句。在 Sub 过程中任意位置可以出现任意个 Exit Sub 语句。

调用 Sub 过程有两种方法,一种只需输入过程名及所有参数值,参数值之间使用逗号分隔,格式如下:

子过程名 参数 1,参数 2,⋯⋯

另一种方法,需使用 Call 语句,如果使用了 Call 语句,则必须将所有参数包含在括号之中,格式如下:

Call 子程序名(参数 1,参数 2,⋯⋯)

【例 3-9】 用 Sub 过程求 8×9 的得数,并输出结果。

文件名为 ex3_9.htm,代码如下:

```
1    < HTML >
2    < HEAD >
3    < TITLE > Sub 过程代码示例 </ TITLE >
4    < SCRIPT type = "text/VBScript" >
5       Sub mymulti(no1, no2)
6         MsgBox (no1 * no2)
7       End Sub
8    </ SCRIPT >
9    </ HEAD >
```

```
10      < BODY >
11        < SCRIPT type = "text/VBScript" >
12          Call mymulti(8,9)
13        < /SCRIPT >
14      < /BODY >
15    < /HTML >
```

运行结果如图 3-9 所示。

图 3-9　调用 Sub 过程输出计算结果

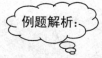

① Msgbox( )函数是 VBScript 系统函数,以对话框形式向用户输出信息。

② 理解网页的运行机制。当网页执行时,先执行第 12 行代码,这时调用第 5~7 行定义的 Sub 过程,并把实参 8 和 9 传递给 Sub 过程中的形参 no1 和 no2。由 Sub 过程通过 Msgbox 函数计算并输出。HEAD 标记中的 VBScript 只是定义了 Sub 过程,网页运行时,并不执行该过程,只有调用 Sub 过程时,才执行其中的代码。

③ 网页中当使用过程或函数时,一般定义在 HEAD 标记内。

3.3.2　函　数

Function 过程是包含在 Function 和 End Function 语句之间的一组语句。Function 过程与 Sub 过程类似。

定义函数的语法结构为:

Function 函数名(参数 1,参数 2,……)

$\vdots$

　　函数名＝表达式

End function

Function 函数通过直接引用函数名实现对函数的调用,而且函数名必须用在变量赋值语句的右端或表达式中。调用函数时,参数要放在一对括号中。这样就可以将它们与表达式的其他部分分开。例如,函数 Sqr 用于对数值开平方,调用 Sqr 函数时代码如下:

```
A = Sqr(9)
```

函数和过程一样都是命名了的代码块,它们的区别在于:过程完成程序任务,函数则返回值。例如,上述表达式中,Sqr 函数求值的结果返回给 A,且 A=3。

同 Sub 过程一样,使用 Exit Function 语句可以从 Function 中立即退出。

【例 3 - 10】 用 function 过程求(100+8×9)的得数,并输出结果。

文件名为 ex3_10. htm,代码如下:

```
1    < HTML >
2     < HEAD >
3      < TITLE > Function 过程代码示例 < /TITLE >
4      < SCRIPT type = "text/VBScript" >
5       Function mymulti(no1, no2)
6         mymulti = no1 * no2
7       End Function
8      < /SCRIPT >
9     < /HEAD >
10    < BODY >
11     < SCRIPT type = "text/VBScript" >
12      Dim vNo
13      vNo = mymulti(8,9) + 100
14      MsgBox vno
15     < /SCRIPT >
16    < /BODY >
17   < /HTML >
```

运行结果如图 3-10 所示。

例题解析:

① 网页运行到第 13 行代码时,调用第 5~7 行定义的函数 mymulti,并将参数传递给函数 mymulti,由函数计算出乘积后,将值返回给第 13 行,再与 100 相加后赋给 vno,最后由函数 Msgbox 输出。

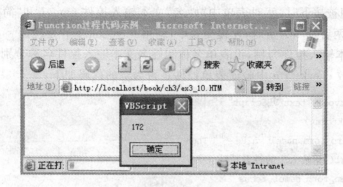

图 3 - 10　调用 Function 过程输出计算结果

② 第 6 行将计算的值返给与函数名相同的变量后，才能正确返回值。

3.3.3　扩展实例训练——判断用户输入内容是否为空

【例 3 - 11】　制作表单网页，要求用户输入用户名和简介，如果用户名或密码为空，则弹出提示。网页运行结果如图 3 - 11 所示。

文件名为 ex3_11.asp。

图 3 - 11　函数判断表单是否为空

提示：

① 编写验证表单是否为空的过程 checkform。在表单标记中加入如下代码：

```
< FORM method = "post" action = "intro_ok.asp" name = "intro_form" >
```

当"提交"按钮被按下时,就对表单中"姓名"文本输入控件 name1 和"简介"控件 intro 进行判断,只有当这两者都不为空时,才提交表单,调用 intro_ok. asp 处理。

② 以姓名文本输入控件为例,设表单名称和姓名文本输入控件名称分别为 intro_form 和 name1,则验证函数 checkform 中验证表单控件是否为空的代码如下:

```
< SCRIPT type = "text/VBScript" >
Sub checkform()
  If intro_form. name1. value = "" Then
    Alert("请输入您的姓名!")
    intro_form. name1. focus
    Exit sub
  End If
  If intro_form. intro. value = "" Then
    Alert("请输入个人简介!")
    intro_form. intro. focus
    Exit sub
  End If
  intro_form. submit
End Sub
< /SCRIPT >
```

小　结

VBScript 是 ASP 的编程基础。本章需要重点理解 VBScript 语法和 html 标记的运行原理,熟练掌握 VBScript 的几类流程控制语句,理解过程和函数的调用原理,了解一些常用函数的功能,为深入学习 ASP 和 ADO 打下基础。

习题 3

1. 在网页中应如何使用 VBScript 脚本语言?
2. 举例说明 VBScript 中 If 语句的使用方法。
3. 举例说明 VBScript 中 Select Case 语句的使用方法。
4. 举例说明 VBScript 中 Do While...Loop 语句的使用方法。
5. 函数和过程如何定义? 如何使用? 两者有何区别?

第 4 章　ASP 内置对象

【学习目标】

➤ 理解对象的概念和对象的使用方法；

➤ 掌握 Response 对象及应用；

➤ 掌握 Request、Request、Session 和 Application 对象及应用；

➤ 了解 Server 对象及 Cookie 应用；

➤ 掌握 global. asa 文件的使用。

所谓对象，就是包含有完整的功能和数据的实体，可以被程序调用以完成某种操作。对象一般都具有方法和属性。对象的属性用来表示其所具有的特征及状态；对象的方法是通过执行对象内部的通用过程，使对象完成一个功能。

ASP 对象指包含在 ActiveX 组件中，能够在编程中使用的对象，有内建对象和外部组件两种。ASP 的内建对象，可以在程序中直接使用，这类对象已包含在 Asp. dll 动态链接库中，并随 Web 服务器一起安装，编程时可以直接使用。

外部组件由于包含在外部的动态链接库中，因此使用时首先要获得包含组件的动态链接库文件，并将该文件登录进系统。编程时，必须通过 Server 对象的 CreateObject 方法将组件中的对象实例化后才能使用。

4.1　Response 对象及应用

4.1.1　认识 Response 对象

【例 4 - 1】 使用 Response 对象从服务器向浏览器输出信息。

文件名为 ex4_1. htm,代码如下：

```
1    < HTML >
2     < HEAD >
3      < TITLE >使用 response 对象输出信息</TITLE >
4     </HEAD >
5     < BODY >
6      < % Response. Write    "这些字符是从服务器向浏览器输出的" % >
7     </BODY >
```

8   </HTML >

运行结果如图 4－1 所示。

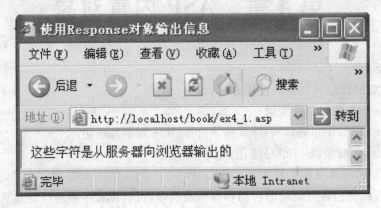

图 4－1 使用 Response 对象的 Write 方法输出信息

① Response 是 ASP 中的一个重要对象，主要用来控制由服务器向浏览器发送的信息。Write 是 Response 对象的一个方法，其功能是从服务器向浏览器输出信息。代码中，"这些字符是从服务器向浏览器输出的"是输出的字符参数。

Response 对象使用的语法结构为：

Response [. 集合|方法|属性名](参数)

其他的 ASP 内置对象，如 Request、Session、Application、Server 等，用法与 Response 相似。

② ASP 语句必须放在"＜％"和"％＞"中才能运行。

③ 文件中既有 ASP 语句，也有 HTML 代码，前者是在服务器端解释的，后者是在浏览器端解释的。

4.1.2 Response 对象的常用方法

Response 对象用来控制由服务器向浏览器发送的信息，包括直接发送信息到浏览器、重新定向浏览器到另一个 URL 或设置 Cookie 等。Response 对象的方法及描述如表 4－1 所列。

表 4－1 Response 对象的方法及描述

方 法	描 述
Clear	清除任何缓冲的 HTML 输出

续表 4 - 1

方　法	描　述
End	停止处理.asp 文件并返回当前的结果
Flush	立即发送缓冲的输出
Write	将变量作为字符串写入当前的 HTTP 输出
Redirect	将重指示的信息发送到浏览器,尝试连接另一个 URL
Binarywrite	将给出信息写入到当前 HTTP 输出中,并且不进行任何字符集转换

1. Write 方法

Write 方法是 Response 对象中最常用的方法之一,可以把变量的值发送到用户端的当前页面。Write 方法的功能是最强大的,可以输出几乎所有的对象和数据。

其语法格式为:

Response. Write　Varient

2. End

强迫 Web 服务器停止执行更多的脚本,并发送当前结果,文件中剩余的内容将不被处理。

其语法格式为:

Response. End

如果 Response. Buffer 设置为 True,则调用 Response. End 会将缓冲区内的数据输出到浏览器端。

3. Clear

删除缓冲区的所有 HTML 输出,但只删除响应正文而不删除响应标题。可以用该方法处理错误情况。需要注意的是,如果没有将 Response. Buffer 设置为 True,则该方法将导致运行错误。

其语法格式为:

Response. Clear

4. Flush

对于一个缓冲的回应,立即发送缓冲区中的信息。如果没有将 Response. Buffer 设置为 True,则该方法将导致运行错误。

其语法格式为:

Response. Flush

5. Redirect

将客户端的浏览器重定向到一个新的 Internet 地址。

其语法格式为:

Response. Redirect　url

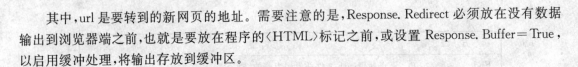

其中,url 是要转到的新网页的地址。需要注意的是,Response. Redirect 必须放在没有数据输出到浏览器端之前,也就是要放在程序的〈HTML〉标记之前,或设置 Response. Buffer＝True,以启用缓冲处理,将输出存放到缓冲区。

4.1.3　Response 对象的常用属性

Response 对象的属性及描述如表 4－2 所列。

表 4－2　Response 对象的属性及描述

属　　性	描　　述
Buffer	表明页输出是否被缓冲
Cachecontrol	决定代理服务器是否能缓存 ASP 生成的输出
Charset	将字符集的名称添加到内容类型标题中
ContentType	指定响应的 HTTP 内容类型
Expires	在浏览器中缓存的页面超时前,指定缓存的时间
ExpiresAbsolute	指定浏览器上缓存页面超时的日期和时间
IsclientConnected	表明客户端是否与服务器断开
Status	服务器返回的状态行的值

1. Buffer 属性

Response 对象的 Buffer 属性用来确定是否输出缓冲页,也就是控制何时将输出信息送至请求浏览器。Buffer 的取值可以是 True 或 False。若 Buffer 属性取 True,则表示使用缓冲页,这时 Web 服务器输出使用缓冲页,即只有当前页的所有服务器脚本处理完毕或是调用了 Flush 或 End 方法,才将数据传送至客户端;若 Buffer 属性取 False,则表示不使用缓冲页,数据在当前页的所有服务器脚本处理的同时传送至客户端。

其语法格式为:

Response. Buffer＝True ｜ False

注意:在 ASP 页面中,设置 Buffer 属性的语句应放在 ＜％ @ Language ％ ＞命令后面的第一行。

2. Expires 属性

Response 对象的 Expires 属性用来确定在浏览器上缓冲存储页面距离过期还有多少时间(以分钟为单位)。若用户在某个页面过期前返回该页面,则会显示缓冲区中的页面;否则需要从服务器重新读取该页面。

其语法格式为:

Response. Expires ［＝Number］

将此属性设置为 0,可以使缓存的页面立即过期。例如,当客户通过 ASP 的登录页面进入 Web 站点后,应该利用该属性使登陆页面立即过期,以确保安全。

3. ExpiresAbsolute 属性

ExpiresAbsolute 属性指定缓存于浏览器中页面的确切到期日期和时间,(Expires 属性指定的是相对过期时间)。在未到期之前,若用户返回到该页,则该缓存中的页面就会显示出来。如果未指定时间,那么该主页在当天 24∶00 到期;如果未指定日期,那么该主页在脚本运行到当天指定时间时就会到期。

其语法格式为:

Response. ExpiresAbsolute〔=〔Date〕〔Time〕〕

如 <% Response. ExpiresAbsolute=# November 21,2005 20∶30∶15# %> 代码将在 2005 年 11 月 21 日晚上 8∶30∶15 到期。

4.1.4 扩展实例训练——用循环从服务器输出多行表格

【例 4-2】 使用 Response 对象的 Write 方法,结合循环语句,向浏览器输出一多行表格。

文件名为 ex4_2.asp,代码如下:

```
1    < HTML >
2    < HEAD >
3    < TITLE > 用循环从服务器输出多行表格 </TITLE >
4    </HEAD >
5    < BODY >
6     <%
7      i = 1
8      Response. Write "< TABLE border ='1' width ='400'>"
9      Do until i = 6
10        Response. Write "< TR > < TD width ='200' bgcolor ='# eeeeee'> response 对象的应
用"&i&" </TD >"
11        Response. Write "< TD bgcolor ='# dddddd'> RESPONSE 对象的应用 </TD > </TR >"
12        i = i + 1
13      Loop
14      Response. Write "</TABLE >"
15     %>
16    </BODY >
17    </HTML >
```

运行结果如图 4-2 所示。

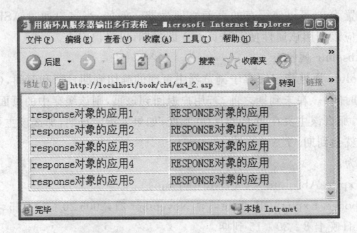

图 4 - 2　使用 Response 对象的 Write 方法输出表格

4.2　Request 对象及应用

4.2.1　初识 Request 对象——制作接收登录信息的网页

【**例 4 - 3**】　使用 Request 对象接收用户登录信息。

其中，文件 ex4_3.htm（源码见 ex2_10.htm）接收用户登录信息，ex4_3_1.asp 输出登录信息。

文件名为 ex4_3_.asp，代码如下：

```
1    < HTML >
2      < HEAD >
3        < META http - equiv = "Content - Type" content = "text/html; charset = gb2312" >
4        < TITLE > request 接收用户信息 </TITLE >
5      </HEAD >
6    < BODY >
7      < %
8        name = Request. Rorm("username")
9        pwd = Request. Rorm("password")
10       % >
11      您输入的用户名是: < % Response. Write name % > < BR >
12      您输入的密码是: < % Response. Write pwd % >
13    </BODY >
14    < /HTML >
```

程序运行结果分别如图 4-3 和图 4-4 所示。

图 4-3 表单登录页面

图 4-4 输出登录信息

例题解析：

① 该实例运行的过程是：用户在浏览器端通过 ex4_3. htm 提交用户名和密码信息，服务器端通过 ex4_3_1. asp 接收信息并输出。Request 是 ASP 中的一个对象，其功能与 Response 相反，它是在服务器端接收用户在浏览器端提交的信息。Form 是 Response 对象的一个集合，它表示信息来源于 Form，username 和 password 是接收的参数，它对应于 login. htm 中的表单控件名称。

② Response. Write 可简化为"＝"，例如"＜％Response. Write Name％＞"等价于"＜％＝Name％＞"。

③ name 和 pwd 是在 ex4_3_1. asp 中定义的变量，只能在 ex4_3_1. asp 中使用，username

和 password 是在 ex4_3 中定义的表单控件（变量），其值在 ex4_3_1. asp 中通过 Form 集合接收。

④ 由 receive. asp 可见，〈HTML〉、〈TITLE〉、〈BODY〉等标记符在网页中不是必需的。

4.2.2　Request 对象的常用集合

Request 对象负责从客户端浏览器获取用户的信息。

HTTP 协议是一种请求与响应（Request/Response）的通信协议，因此通常由客户端向 Web 服务器提出请求，Web 服务器再响应信息。在 ASP 中，"请求"被封装成 Request 对象，"响应"被封装成 Response 对象。所以，通过 Request 对象就可以接收用户端的相关信息，如浏览器种类、表单参数及 Cookies 等。

使用 Request 对象可以访问任何基于 HTTP 请求传递的所有信息，包括用 Post 方法或 Get 方法传递的参数、Cookie 和用户认证等。

使用 Request 对象的语法为：

Request [. 集合|属性|方法]（变量）

表 4-3 所列是 Request 对象中常用的数据集合。

表 4-3　Request 对象的数据集合

数据集合	功　能
QueryString	HTTP 中查询字符串中变量的值（表单中用 Get 传送数据）
Form	获取客户端在表单中输入的值（Post 方式传递数据）
Cookies	获取客户端浏览器的 Cookies 信息
ServerVariables	获取服务器端环境变量的信息
ClientCertificate	取得客户端浏览器的身份验证信息

4.2.3　用 Request 的 Form 集合读取 Post 方法数据

在表单中，使用 Post 方法传送数据时，数据会被保存在 Form 数据集合中，在服务器上可以用 Request. Form 命令来读取。

其语法结构为：

Request. Form("Element")[(Index)|. Count]

其中，参数 Element 指定要查询的表单元素的名称；参数 Index 指定表单元素多个值中的一个，当然此表单元素有多个值时此项才有意义，如果未指出，则返回的值用逗号分隔开；参数 Count 为表单某元素的值的个数。

【例 4-4】　接收用户注册信息。

其中,文件 ex4_4.htm(代码同 ex2_12.htm)接收用户注册信息,ex4_4_1.asp 输出注册信息。

文件名为 ex4_4_1.asp,代码如下:

```
1    < %
2      Name = Request.Form("Name")
3      Sex = Request.Form("Sex")
4      Blood = Request.Form("Blood")
5      Married = Request.Form("Married")
6      Love = Request.Form("Love")
7      Tel = Request.Form("Tel")
8      Address = Request.Form("Address")
9    % >
10   < HTML >
11     < BODY >
12       您所输入的信息处理如下: < HR >
13       < TABLE Border = "1" Cellpadding = "2" Cellspacing = "0" >
14         < TR > < TD width = "50" > 姓名: </TD > < TD width = "300" > < % = Name % > < /TD >
</TR >
15         < TR > < TD > 性别: </TD > < TD > < % = Sex % > < /TD > < /TR >
16         < TR > < TD > 血型: </TD > < TD > < % = Blood % > < /TD > < /TR >
17         < TR > < TD > 已婚: </TD > < TD > < % = Married % > < /TD > < /TR >
18         < TR Valign = "top" > < TD > 兴趣: </TD > < TD > < % = Love % > < /TD > < /TR >
19         < TR > < TD > 电话: </TD > < TD > < % = Tel % > < /TD > < /TR >
20         < TR > < TD > 地址: </TD > < TD > < % = Address % > < /TD > < /TR >
21       < /TABLE >
22     < /BODY >
23   < /HTML >
```

ex4_4.htm 网页运行结果如图 4-5 所示,提交后 ex4_4_1.asp 运行结果如图 4-6 所示。

例题解析:

① 在 ex4_4.htm 中输入注册信息,存储在表单控件中,在 ex4_4_1.asp 中接收并输出,实质是通过表单传递了变量。

② 注意:在 ex4_4.htm 中的 method=Post 与 ex4_4_1.asp 中的 Request.Form 相对应。

图 4-5　表单注册页面

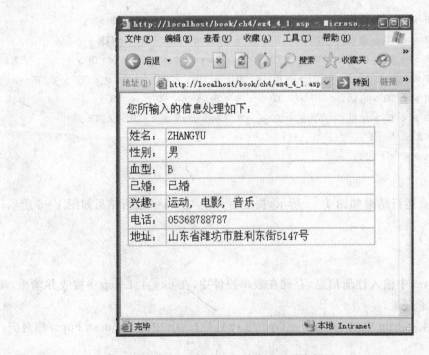

图 4-6　输出注册信息页面

4.2.4 用 Request 的 QueryString 集合读取 Get 方法数据

在表单中,使用 Get 方法传送数据时,在服务器上可以用 Request. QueryString 命令来读取。

语法结构为:

Request. QueryString ("Element")[(Index)|. Count]

其中,参数 Element 指定要查询的表单框架的名称。

在例 4 - 4 中,如果将 ex4_4. htm 中的 method='Medthod'改为 method='Get',则在 ex4_4_1. asp 中,须将 Request. Form 改为 Request. QueryString。图 4 - 7 所示是使用 Get 方法传递表单数据时,使用 Request. QueryString 接收数据的示图。

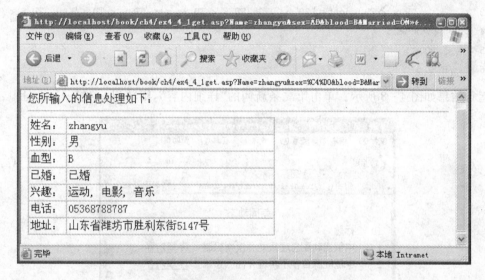

图 4 - 7 使用 Request. QueryString 接收表单数据

当使用 Get 方法传送数据时,用户提交的数据不是被当作一个单独的包发送,而是被附在查询字符串(QueryString)中,一起被提交到服务器端指定的文件。因此,在接收时地址栏中不仅包括了网页的名称,而且包含了传递的表单信息,如图 4 - 7 中的地址栏所示。因此,使用 Get 方法传递表单数据缺乏安全性,另外,传递较多数据时,不宜使用 Get 方法传递。

另外,使用 Form. Querystring 还可接收链接参数。

【例 4 - 5】 使用 From. QueryString 接收链接参数。

文件为 ex4_5. htm,代码如下:

```
1   < HTML >
2     < HEAD > < TITLE >通过链接传递参数 < /TITLE > < /HEAD >
```

```
3      < BODY >
4        < TABLE width = "400" border = "0" cellspacing = "2" cellpadding = "2" >
5          < TR > < TD colspan = "3" >  < div align = "center" >新闻动态 < /div > < /TD > < /TR >
6          < TR > < TD width = "34" > ID < /TD > < TD width = "239" >标题 < /TD > < TD width = "
107" > < /TD > < /TR >
7          < TR > < TD width = "34" > 1 < /TD > < TD >中俄启动副总理级能源谈判机制 < /TD >
8            < TD > < A href = "ex4_5_1_1.asp? ID = 1" >详细内容 < /A > < /TD >
9          < /TR >
10         < TR > < TD > 2 < /TD > < TD >中俄能源合作不再缠斗油气领域 < /TD >
11           < TD > < A href = "ex4_5_1_1.asp? ID = 2" >详细内容 < /A > < /TD >
12         < /TR >
13         < TR > < TD height = "20" >... < /TD > < TD >... < /TD > < TD >... < /TD > < /TR >
14       < /TABLE >
15     < /BODY >
16   < /HTML >
```

运行结果如图 4 - 8 所示。单击第二条新闻的"详细内容",则转到 ex4_5_1.asp 上。

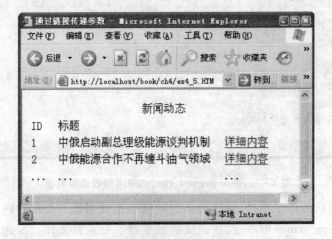

图 4 - 8 传递链接传递参数

文件名为 ex4_5_1.asp,代码如下:

```
1    < TITLE >接收链接参数并输出 < /TITLE >
2    < %
3    para_ID = Request.QueryString("ID")
4    Response.Write "传递的参数为:"&para_ID
5    % >
```

运行结果如图 4-9 所示。

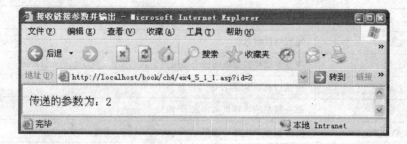

图 4-9　使用 QueryString 接收链接参数

① 同传递表单框架一样,通过链接传递参数也是在不同网页间共享变量的一种方法。

② 在 ex4_5.htm 中,如果每条新闻对应的 ID 号能用一个变量保存,则第 8 行和第 11 行中,可以用变量名代替具体的值。这在第 6 章中将会介绍。

4.2.5　用 ServerVariables 获取数据

用浏览器浏览网页时使用的是 HTTP 传输协议,在 HTTP 标题文件中会记录一些客户端的信息,例如客户的 IP 地址等,这些信息可以通过 ServerVariables 环境变量来获取,ServerVariables 环境变量包含了服务器端和客户端的环境信息。表 4-4 列出了常用的一些环境变量。

表 4-4　常用的 ServerVariables 环境变量

环境变量	描　述
All_Http	浏览器端所返回的所有 HTTP 标头(Header)
Auth_Password	浏览器端所返回的浏览者的密码
Auth_User	浏览器端所返回的用户名称
Http_Host	浏览器端的主机名称
Http_User_Agent	返回浏览器端的相关信息,如浏览器类型、版本、操作系统
Local_Addr	服务器端的 IP 地址
Path_Info	目前网页的虚拟路径
Path_Translated	目前网页的实际路径
Remote_Addr	远程主机的 IP 地址
Remote_Host	远程主机的名称

方　法	描　述
Remote_User	远程用户的名称
Request_Method	浏览器端将数据返回服务器端所采取的方式,如 Get、Post、Head
Script_Name	所执行的 ASP 程序的路径及文件
Server_Name	服务器端的计算机名称或 IP 地址
Server_Port	服务器端的连接口编号
Url	目前网页的虚拟路径

【例 4 - 6】 显示来访者 IP 地址的例子。

文件名为 ex4_6.asp,代码如下:

```
1    < HTML >
2      < HEAD >
3       < TITLE > 显示来访者 IP 地址 < /TITLE >
4        < /HEAD >
5      < BODY >
6        < % dim addr
7          addr = Request.ServerVariables("remote_addr")
8          Response.Write "您是来自:"&addr&"的用户"
9        % >
10     < /BODY >
11   < /HTML >
```

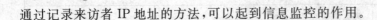
例题解析:

通过记录来访者 IP 地址的方法,可以起到信息监控的作用。

4.2.6　扩展实例训练——计算器网页的制作

【例 4 - 7】 编制一个计算机程序,可使用 Post 方法接受 HTML 表单中的数值和运算符,并将正确的计算结果在当前页面上显示出来。

文件名为 ex4_7.asp,代码如下:

```
1    < HTML >
2      < HEAD > < TITLE > 计算器 < /TITLE > < /HEAD >
```

```
3    < BODY >
4      < FORM action = ex4_7.asp method = post >
5        操作数 1：< INPUT type = text name = num1 > < BR >
6        操作数 2：< INPUT type = text name = num2 > < BR > < p >
7        选择你要进行的操作 < BR >
8        < INPUT type = radio name = operation value = "加" checked > 加 < BR >
9        < INPUT type = radio name = operation value = "减" > 减 < BR >
10        < INPUT type = radio name = operation value = "乘" > 乘 < BR >
11        < INPUT type = radio name = operation value = "除" > 除 < BR >
12        < INPUT type = submit > < INPUT type = reset >
13      < /FORM >
14      < HR >
15      < %
16      Dim n1,n2,op
17      n1 = Request.Form("num1")
18      n2 = Request.Form("num2")
19      op = Request.Form("operation")
20      If op = "加" Then
21          Response.Write n1&" + "&n2&" = "&clng(n1) + clng(n2)
22      ElseIf op = "减" Then
23          Response.Write n1&" - "&n2&" = "&clng(n1) - clng(n2)
24      ElseIf op = "乘" Then
25          Response.Write n1&" * "&n2&" = "&clng(n1) * clng(n2)
26      ElseIf op = "除" Then
27          Response.Write n1&"/"&n2&" = "&clng(n1)/clng(n2)
28      End If
29      % >
30    < /BODY >
31  < /HTML >
```

运行结果如图 4-10 所示。

① 选择不同的运算操作时，要进行不同的运算，可使用 If 语句或 Case 语句实现对运算操作的选择。

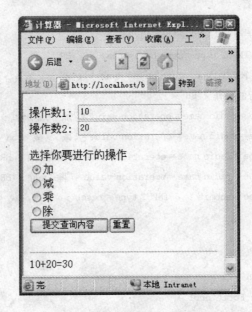

图 4 - 10 使用 Request 对象和表单制作的计算器程序

② 当未输入操作数时,不能进行计算,可通过 Request 对象的 Form.Count 属性参数来判断。Form.Count 属性主要判断用户提交的表单项目中的个数。

4.3 Application 对象

4.3.1 认识 Application 对象的功能——制作"计数器"网页

【例 4 - 8】 制作网页,统计网站有多少人访问过。

文件名为 ex4_8.asp,代码如下:

```
1    < % @LANGUAGE = "VBScript" codepage = "936" % >
2    < HTML >
3    < HEAD >
4      < TITLE >网站的计数器 < /TITLE >
5    < /HEAD >
6    < BODY >
7      < %
8        Application("count") = Application("count") + 1
9        Response.Write "您是第"&Application("count")&"位访客"
10      % >
```

```
11      </BODY>
12      </HTML>
```

运行结果如图 4-11 所示。

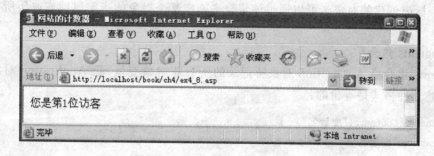

图 4-11　利用 Application 应用程序变量统计网站访问量

①　Application("count")是一个 Application 变量,它可被所有用户共享。第 8 行输出的 Application("count")对所用用户都是相同的。

②　最初,网页未被访问时,Application("count")的值默认为 0,当每个用户浏览该网页时,其值都加 1。

③　因为访问数据存储在 Application("count")变量中,当 Application("count")被清空 (如服务器停止)时,数据将变为 0。因此,最好将数据写在文件或数据库中。

4.3.2　Application 应用程序变量

Application 应用程序变量是指可以被应用程序的所有文件使用的变量。

创建 Application 变量的语法格式为:

Application("应用程序变量名")=表达式

在例 4-8 中,使用 Application("count")=Application("count")+1 定义了一个应用程序变量。一旦定义 Application 应用程序变量,它会持久地存在,直到关闭 Web 服务器使得 Application 停止。由于存储在 Application 应用程序变量中的数值可以被 ASP 应用程序的所有文件读取,所以 Application 应用程序变量特别适合在应用程序的文件之间传递信息或共享信息。

4.3.3　Application 对象的集合

ASP 的 Application 对象有两个集合:Contents 集合和 StaticObjects 集合。

Contents 集合是由所有通过脚本语言添加到应用程序的变量和对象组成的集合,可以使用该集合来获取给定的应用程序作用域的变量列表或指定某个变量为操作对象。

StaticObjects 集合包含所有的在 Application 对象指定的范围内,在 global. asa 文件中由 ＜Object＞标记创建的对象。可以通过该集合来确定某个对象的指定属性或遍历所有对象的所有属性。

1. Contents 集合

Contents 集合是 Application 对象所记录的所有非对象变量,是 Application 对象默认的集合。下述几种格式是等价的:

```
Application.Contents("变量名")
Application("变量名")
Application.Contents( i),其中"i"为变量的序号。
```

2. SaticObjects 集合

Application 对象的 SaticObjects 集合是通过＜Object＞标记在 global. asa 文件中创建的。在 StaticObjects 集合中保存着所有在 Application 对象范围内的由＜Object＞标记创建的变量和对象,通过该集合,可以检索和读取这些变量和对象。在 global. asa 文件中,使用如下的代码可以建立一个 Application 级的对象。

```
< OBJECT runat = Server Scope = Application ID =  Priconn ProgID = "Adodb. Connection" >
```

3. 存储数组

在 Application 对象中可以存储数组,但是不能直接更改存储在数组中的元素,这是因为 Application 对象是作为集合实现的。如果将数组存放在 Application 对象中,则对该数组进行操作时,应先建立数组的一个副本,对该副本操作完毕,再将其存放到 Application 对象中。

【例 4 - 9】 使用 Application 对象存储数组。

文件名为 ex4_9. asp,代码如下:

```
1    < HTML >
2      < HEAD > < TITLE > 创建并使用 Application 数组变量 < /TITLE > < /HEAD >
3      < BODY >
4      < %
5        Dim book()
6        ReDim book(3)
7        book(0) = "语文复习指导"
8        book(1) = "数学复习指导"
9        book(2) = "英语复习指导"
```

```
10          book(3) = "政治经济学复习指导"
11          Application("复习指导书") = book
12     % >
13     < TABLE border = 1 >
14       < TR > < TD colspan = 2 > 复习指导书
15       < % bk = Application("复习指导书") % >
16       < TR > < TD > 1. < TD > < % = (bk(0)) % >
17       < TR > < TD > 2. < TD > < % = (bk(1)) % >
18       < TR > < TD > 3. < TD > < % = (bk(2)) % >
19       < TR > < TD > 4. < TD > < % = (bk(3)) % >
20       < /TABLE >
21     < /BODY >
22     < /HTML >
```

运行结果如图 4 - 12 所示。

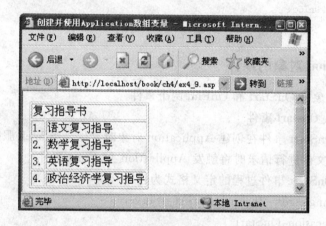

图 4 - 12 创建并使用 Application 数组变量

4.3.4 Application 对象的方法

Application 对象有两个方法,用于解决多个用户同时为 Application 应用程序变量赋值的问题。

1. Application 对象的 Lock 方法

Lock 方法用来锁定 Application 应用程序变量,以阻止其他用户修改 Application 应用程序变量,确保在同一时刻仅有一个用户修改和存取 Application 应用程序变量。若没有明确调用 Unlock方法,则服务器将在 ASP 文件结束或超时后解除对 Applicaton 应用程序变量的锁定。

在例 4 - 8 中,如果在同一时刻有多个用户访问网页,则可能导致程序出错,因此,可在修改 Application 应用程序变量之前,使用 Application. Lock 方法对 Application 对象进行锁定。即在第 8 行前加上 Application. Lock。

2. Application 对象的 Unlock 方法

Unlock 方法和 Lock 方法相反,用来解除 Application 对象的锁定状态,允许其他客户修改 Application 变量。

在例 4-8 中,若在第 8 行前加上 Application. Lock,则应在第 8 行后加上 Application. Unlock 对 Application 应用程序变量进行解锁,以便可以改变 Application 应用程序变量的值。

修改后的程序代码为:

```
< %
    Application.Lock
    Application ("count") = Application ("count") + 1
    Response.Write "您是第"&application("count")&"位访客"
    Application.Unlock
% >
```

4.3.5 Application 对象的事件

Application 对象有 OnStart 和 OnEnd 两个事件。

1. Application_Onstart 事件

Application_OnStart 事件在创建 Application 对象时发生。当 Web 服务器启动并允许对应用程序所包含的文件进行请求时将触发 Application_OnStart 事件。

Application_OnStart 事件过程的定义格式为:

```
< SCRIPT Language=Vbscript RunAt=Server >
    Sub Application_OnStart
        ⋮
    End Sub
</SCRIPT >
```

2. Application_OnEnd 事件

Application_OnEnd 事件在结束 Application 对象时发生。

Application_Onend 事件过程的定义格式为:

```
< SCRIPT Language=Vbscript RunAt=Server >
    Sub Application_Onend
        ⋮
    End Sub
```

</SCRIPT >

注意：Application_OnStart 和 Applicaton_OnEnd 的事件处理过程必须写在 global. asa 文件之中。

4.4　Session 对象及应用

4.4.1　认识 Session 对象的功能——制作登录网页

【例 4 - 10】　制作登录页面，输入正确的用户名（zhangyu）和密码（888888），则将个人信息记录在 Session 属性中，并跳转到管理页 ex4_10_1. asp 上。

文件 ex4_10. asp 的代码为：

```
1    < HTML >
2    < HEAD > < TITLE > 使用 session 对象记录个人信息 </TITLE > </HEAD >
3    < BODY >
4       < TABLE width = "300" border = "1" align = "center" cellpadding = "0" cellspacing = "1" >
5       < FORM name = "Login" action = "ex4_10.asp" method = "post" >
6         < TR >
7           < TD align = "right" > 用户名称：</TD >
8           < TD > < input name = "UserName"  type = "text"  maxlength = "20" > </TD >
9         </TR >
10        < TR >
11          < TD align = "right" > 用户密码：</TD >
12          < TD > < input name = "password"  type = "password" maxlength = "20" > </TD >
13        </TR >
14        < TR >
15          < TD height = "21" colspan = "2" >
16            < input    type = "submit" name = "submit" value = " 确  认 " >
17             
18            < input name = "reset" type = "reset"  id = "reset4" value = " 清  除 " >
19          </TD >
20        </TR >
21      </FORM >
22     </TABLE >
23     < %
24     name = Request. Form("username")
25     pwd = Request. Form("password")
```

```
26        If name = "zhangyu" and pwd = "888888" Then
27            Session("name") = "zhangyu"
28            Session("pwd") = "888888"
29            Response.Redirect "ex4_10_1.asp"
30        End If
31    % >
32    </BODY >
33    </HTML >
```

运行结果如图 4 - 13 所示,输入正确的用户名和密码后,跳转到 ex4_10_1.asp 页面,如图 4 - 14 所示。

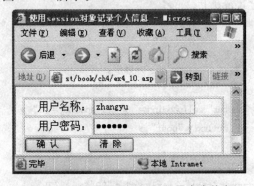

图 4 - 13 登录后用 session 记录个人信息

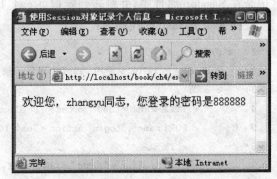

图 4 - 14 通过 session 输出个人信息

文件 ex4_10_1.asp 的代码为:

```
1    < HTML >
2    < HEAD > < TITLE >使用 Session 对象记录个人信息 </TITLE > </HEAD >
3    < BODY >
4      < P >欢迎您,< % = Session("name") % >同志,您登录的密码是 < % = Session("pwd") % > </P >
5    </BODY >
6    </HTML >
```

例题解析:

① ex4_10.asp 中第 26～30 行,当输入用户名和密码正确后,将个人用户名和密码写在了 Session("name")和 Session("pwd")变量中,并转向到 ex4_10_1.asp 页。

② Session("name")和 Session("pwd")是定义的 Session 变量,它可以在不同的网页中共享,因此转向到 ex4_10_1.asp 页中,可以直接输出。Session 提供了一种不同网页间共享数据的一种方法,它常用于登录后用户信息的保存。

4.4.2　Session 对象的常用属性和方法

Session 对象是 ASP 技术中非常重要的对象,是实现用户会话管理的重要手段,是编写有关 Web 应用程序的常用工具。Session 指用户从到达某个站点到离开为止的那段时间内,服务器端分配给用户的一个存储信息的变量的集合,这些变量可以是自动生成的,也可以是编程者在服务器端脚本程序中定义的。定义 Session 变量的格式为:

Session("变量名")＝值

当用户在应用程序的 Web 页面之间跳转时,存储在 Session 对象中的变量将不会丢失,而且在整个用户会话中会一直存在下去。

1. SessionID 属性

SessionID 属性返回 Session 的标识号 ID。在每一个 Web 站点,Web 服务器的 IIS 为了能够跟踪访问者,在每一个用户刚登录时,服务器会给用户分配唯一的标识号 ID,该 ID 以长整型数据表示。SessionID 唯一地标识了一个特定的用户,在新的 Session 开始前,Web 服务器将 SessionID 存储在客户端的浏览器中,以便下次访问服务器时提交给 Web 处理程序,Web 处理程序根据这个 SessionID 找到服务器中以前储存的信息并使用它。

其命令格式为:

Session. SessionID

可以使用下面的方法来访问 SessionID 的值。

< ％＝Session. SessionID％ >

2. TimeOut 属性

该属性用来定义用户 Session 对象的时限。若用户在规定的时间内没有刷新网页,则 session 对象就会终止,默认为 20 分钟。

重设该属性的命令格式为:

< ％Session. TimeOut＝maxtime％ >

其中 maxtime 是会话超时的时间,以分钟计时。

3. Abandon 方法

Session 对象默认的生命周期起始于浏览器第一次与服务器联机时,终止于浏览器结束联机时,或浏览器超过 TimeOut 设置的时间没有存取网页。由于 Session 对象存储在服务器的内存中,所以联机的浏览器越多,网页的执行效能就越低。为了不影响执行效能,最好在确定不需要用到 Session 对象的时候(例如浏览者注销网页),以手动的方式结束 Session 对象,这需要调用 Session 对象的 Abandon 方法。

其格式为:

Session. Abandon

说明:

Session 对象的 Abandon 方法只用来取消 Session 变量,并不取消 Session 对象本身,Session 变量的清除亦是在本脚本执行完以后才进行的。

4.4.3 Session 对象的事件

Session 对象有 Session_OnStart 和 Session_OnEnd 两个事件。Session_OnStart 事件在服务器创建新会话时自动发生,服务器在执行请求的页之前先处理该脚本;Session_OnStart 事件是设置会话期变量的最佳时机,因为在访问任何页之前都会先设置它们,Session_OnEnd 事件在会话超时或被放弃时触发。

Session 对象的两个事件对应的两个事件过程,都是在文件 global. asa 中定义的。

这两个过程的语法为:

```
< SCRIPT RunAt=Server Language=Vbscript >
    Sub Session_OnStart
        初始化程序块
    End Sub
< /SCRIPT >
< SCRIPT RunAt=Server Language=Vbscript >
    Sub Session_OnEnd
        结束程序块
    End Sub
< /SCRIPT >
```

【例 4 - 11】 统计网站在线人数。

创建 glabal. asa 文件,若该文件已经存在,则在其中添加如下代码:

```
1    < SCRIPT language = "VBScript" runat = "server" >
2    Sub Application_OnStart
3      Application. Lock
4      Application("user_online") = 0
5      Application. Unlock
6    End Sub
7    Sub Session_onStart
8      Application. Lock
9      Application("user_online") = Application("user_online") + 1
10     Application. Unlock
11   End Sub
12   Sub Session_OnEnd
13     Application. Lock
14     Application("user_online") = Application("user_online") - 1
```

```
15        Application.Unlock
16      End Sub
17    </SCRIPT>
```

文件 ex4_11.asp 的代码为：

```
1    <HTML>
2    <HEAD> <TITLE>统计在线人数</TITLE> </HEAD>
3    <BODY>
4        目前共有：<% = Application("user_online") %> 人在线
5    </BODY>
6    </HTML>
```

① global.asa 是一个特殊的文件,它一般存放应用程序运行期间所需的 Application 对象和 Session 对象的事件。因此,当应用程序启动、用户登录或退出时,都会激发其中相应的过程,而不需要手动运行它。

② 当应用程序启动时,执行 global.asa 文件中的 Application_OnStart 事件,将应用程序(在线人数)变量 Application("user_online")初始化为 0,当某用户登录后,则激发 Session_OnStart 事件,使在线人数加 1,当某用户退出时,则激发 Session_OnEnd 事件,使在线人数减 1。因此,应用程序变量 Application("user_online")中存储的数值始终是在线人数。

4.4.4　扩展实例训练——使用 Session 对象限制网页的访问

【例 4 - 12】　动态网站一般都设有后台管理,后台网页必须在管理员登录后才能浏览。不登录将无权查看,请修改例 4 - 10 中的 ex4_10_1.asp 网页,当用户正确登录后,才能查看该网页,若直接访问该页,则显示错误信息,如图 4 - 15 和 4 - 16 所示。

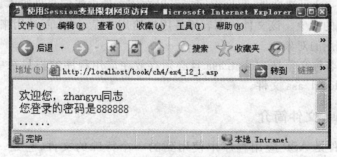

图 4 - 15　正确登录后的管理页面

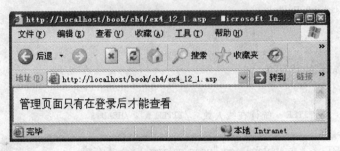

图 4-16　未登录直接访问后台页面

提示：

① 在 ex4_10_1.asp 文件中开始部分加入如下代码(修改后的文件另存为 ex4_10_1.asp)：

```
< %
  If Session("name") = "" or Session("pwd") = "" Then
    Response.Write "管理页面只有在登录后才能查看"
    Response.End
  End if
% >
```

请思考，如果将 Response.End 语句放在 End If 之后，结果会如何？

② 通常地，后台管理部分的所有网页都须登录后访问，如果在每个网页中加入这些代码则较烦琐，因此，通过将以上代码放到一个单独的文件中(如 check.asp)，而在需要限制访问的网页中用语句"♯Include File="check.asp""将这个单独的文件包含进来，这样可以提高程序编写的效率。

4.5　global.asa 文件

global 文件是一个可选文件，程序编写者可以在该文件中指定事件脚本，并声明具有会话和应用程序作用域的对象。该文件的内容不是用来给用户显示的，而是用来存储事件信息和由应用程序全局使用的对象。

global 文件的名称必须是 global.asa 且必须存放在应用程序的根目录中，并且每个应用程序只能有一个 global.asa 文件。

4.5.1　global.asa 文件简介

global.asa 文件是 ASP 应用程序中使用到的一个特殊的文件，它是一个纯文本文件。global.asa 文件中存放着 ASP 应用程序运行期间所需的 Application 对象和 Session 对象的事件，即 Application_OnStart 事件、Application_OnEnd 事件、Session_OnStart 事件和 Session_OnEnd 事件。另外,global.asa 文件中还存放着 < OBJECT > 标记声明的对象。

可以用任何支持脚本的语言编写 global.asa 文件中包含的脚本。若多个事件使用同一种脚本语言,则可以将它们组织在一组 < SCRIPT > 标记中。

在 global.asa 文件中,若包含的脚本没有用〈SCRIPT 〉标记封装,或定义的对象没有指定作用域为会话或应用程序,则服务器将返回错误。

在 global.asa 文件中声明的过程只能从一个或多个与 Application_OnStart、Application_OnEnd、Session_OnStart 和 Session_OnEnd 事件相关的脚本中调用。在基于 ASP 应用程序的 ASP 页中,它们是不可用的。如果要在应用程序之间共享过程,则可在单独的文件中声明这些过程,然后使用服务器端包含语句(如:<! —— ♯ Include File = "./inc/error.inc" —— >)将该文件包含在调用该过程的 ASP 程序中。通常,包含文件的扩展名应为.inc。

4.5.2　global.asa 文件的结构

在 global.asa 文件中,所有的代码必须用〈SCRIPT〉和〈/SCRIPT〉标记来界定,而不能使用 < %和% > 标记。在〈SCRIPT〉和〈/SCRIPT〉标记间可以使用任何脚本语言来书写,当然要安装相应的脚本引擎。并且要用诸如〈SCRIPT Language＝Vbscript Runat＝Server〉注明。

global.asa 文件的基本结构为:

```
< OBJECT RunAt = Server Scope = 范围 ID = 名称 ProgID = 类名 >  < / OBJECT >
< SCRIPT Language = "Vbscript" RunAt = "Server" >
    Sub Application_OnStart
    ⋮
    End Sub
    Sub Session_OnStart
    ⋮
    End Sub
    Sub Session_OnEnd
    ⋮
    End Sub
    Sub Application_OnEnd
    ⋮
    End Sub
< /SCRIPT >
```

说明:

〈Object〉…〈/Object〉标记用来声明对象,其中 RunAt＝Server 是必需的,且其值只能是 Server,它表明该 Object 只能在服务器上执行;"范围"表明该对象的使用用户,当 Scope＝Session 时,表明该对象只给此次登录的用户使用,若 Scope＝Application,则可以让所有联机用户使用;"名称"是为对象定义的名称;"类名"是该对象的类名称。

〈SCRIPT Language＝"Vbscript" RunAt＝"Server"〉指明所使用的语言为 VBScript,程序在服务器端处理;Sub Application_OnStart...End Sub 指明应用程序开始时所要执行的代码,服务器一启动即执行该部分代码;Sub Session_OnStart...End Sub 指明一个 Session 开始时所要执行的代码,当用户登录网页时,即执行该部分代码;Sub Session_OnEnd...End Sub 指明一个 Session 结束时所要执行的代码,当用户离开该网页时,执行该部分代码;Sub Application_OnEnd...End Sub 指明一个应用程序结束时所要执行的代码,即由于某种原因使应用程序停止时,执行该部分代码,如手动停止服务器运行,或由于断电使服务器关机等。

4.5.3 扩展实例训练——制作"统计总访问量和在线人数"网页

【例 4-13】 结合例 4-8 和例 4-11,制作一网页,同时统计网页总访问量和在线人数。程序执行如图 4-17 所示。

图 4-17 访问人数和在线人数统计

> 提示:

① 在 global.asa 的 Application_OnStart 事件中,分别定义 Application("User_Total")和 Application("User_Online")两个应用程序变量,分别用于存储总访问人数和在线总人数。

② 在 Session_OnStart 事件中,使 Application("User_Total") 和 Application("User_Online")都加 1,在 Session_OnEnd 事件中,使 Application("User_Total") 和 Application("User_Online")都减 1。

③ 为了保证超出会话时间一段时间后,激发 Session_Onstart 事件,可在 global.asa 文件中设定 Session.Timeout＝2。

4.6 Cookie 集合

4.6.1 认识 Cookie 对象

【例 4-14】 用 Cookie 显示浏览者是第几次光临本站。

文件 ex4_14.asp 的代码为：

```
1    < % Response. Buffer = True % >
2    < HTML >
3    < HEAD > < TITLE > Cookies 计数器 < /TITLE > < /HEAD >
4    < BODY >
5      < %
6      Dim visitetimes, i
7      i = Request. Cookies("visitetimes")          '读取 Cookies 值
8      If i = "" Then
9        i = 1                                       '如果是第一次访问,则令访问次数为 1
10       Else
11         i = i + 1
12       End If
13       Response. Write"你是第" &i&"次访问本站!"
14       Response. Cookies("visitetimes") = i        '将新的访问次数存到 Cookies 中
15      % >
16    < /BODY >
17    < /HTML >
```

例题解析：

① 第 14 行是将访问次数写入 Cookies,保存在浏览器端。第 7 行是将浏览器端存储访问次数的 Cookies 读出,写入服务器变量 i,第 13 行再将变量 i 的值输出到浏览器。

② 注意代码执行和数据存储发生的位置,是在浏览器端还是服务器端。

4.6.2 Cookie 的功能及操作

Cookie 是指某些网站为了辨别用户身份而储存在用户本地终端上的数据(通常经过加密)。利用 Cookie 能实现许多有意义的功能。例如,可以在站点上放置一个调查问答表,询问访问者最喜欢的颜色和字体,然后定制用户的 Web 界面。还可以保存访问者的登录密码,这样,当访问者再次访问该站点时,不用再输入密码进行登录。

当然 Cookie 也有一些不足。首先,由于利用 Cookie 的功能编程可以实现一些不良企图,所以大多数浏览器中都有安全设定,例如设置是否允许或者接受 Cookie,因此不能保证随时可以使用 Cookie。其次,访问者可能有意或者无意地删除 Cookie,例如重新格式化硬盘;安装系统后,原来保存的 Cookie 将全部丢失。

Cookie 与 Session 功能相似,都是存储用户信息。但 Cookie 是将个人信息存储在浏览器端;而 Session 是将个人信息存储在服务器端。

使用 Cookie 的基本方式有两种:一种是将 Cookie 写入访问者的计算机;另一种是从访问者的计算机中取回 Cookie。

1. 创建 Cookie 的基本语法

创建 Cookie 的基本语法为:

Response. Cookies(Cookie 名)[(key)|. 属性]＝Cookie 的值(字符串)

例如,执行下面的代码将会在访问者的计算机中创建一个 Cookie,名字等于 guestname,值为 john。

```
Response.Cookies("guestname") = "john"
```

2. 读取 Cookie 的基本语法

读取 Cookie 的基本语法为:

Request. Cookies(Cookie 名)

可以将 Request 值当作一个变量。例如,执行下面的代码将取回名字为 guestname 的 Cookie 值并存入变量 svar。

```
svar = Request.Cookies("guestname")
```

3. 创建多键值 Cookie

一个 Cookie 可以有多个键值,这时该 Cookie 称为 Cookie 字典,一个 Cookie 字典中可以包含多个键值。例如,下面的代码创建了一个名为 userinfo 的 Cookie 字典,其中包含并保存有 3 个键:name、sex 和 password。

```
< %
    Response.Cookie("userinfo")("name") = "John"
    Response.Cookie("userinfo")("sex") = "男"
    Response.Cookie("userinfo")("password") = "123456"
% >
```

4.6.3　Cookie 属性

在脚本中,一个 Cookie 实际就是一个字符串。当读取 Cookie 的值时,就得到了一个字符串,里面包含当前 Web 页使用的所有 Cookie 的名称和值。每个 Cookie 除了 name 名称和 value 值这两个属性以外,还有四个属性。这些属性是:Expires(过期时间)、Path(路径)、Domain(域)以及 Secure(安全),如表 4 - 5 所列。

表 4 - 5 Cookie 属性

属　性	功　能
Expires	指明 Cookie 的有效期限
Domain	指出只能由指定域上的服务器来读取 Cookie
Path	指出只能由指定路径中的 Web 应用程序来读取 Cookie
Secure	指出 Cookie 是否加密
Haskeys	指明 Cookie 中是否含有子 Cookie

1. Expires 属性

该属性指定 Cookie 的生命期。如果想让 Cookie 的存在期限超过当前浏览器会话时间，就必须使用这个属性。当过了有效期限时，浏览器就可以删除 Cookie 文件。例如：

```
Response.Cookies("Userinfo").Expires = ♯2008 - 12 - 10♯
```

2. Domain 属性

该属性表明 Cookie 由哪个网站产生或者读取。默认情况下，Cookie 的域属性设置为产生它的网站，但也可以根据需要改变它。例如：

```
Response.Cookies("Userinfo").Domain = www.domain.com
```

3. Path 属性

该属性可以实现更多的安全要求，通过设置网站上精确的路径，就能限制 Cookie 的使用范围。例如：

```
Response.Cookies("Userinfo").Path = "/Userreg"
```

4.7 Server 对象

Server 对象提供对服务器上的方法和属性的访问，其中大多数方法和属性是作为实用程序的功能服务的。有了 Server 对象，就可以进行与服务器相关的操作，例如创建服务器端的 ActiveX 对象，对 URL 和 HTML 进行编码等。

4.7.1 Server 对象的属性

ScriptTimeout 属性是 Server 对象唯一的一个属性，用于设置超时值，在脚本运行超过这一时间之后即作超时处理。如下代码指定服务器处理脚本在 180 秒后超时。

```
< % Server.Scripttimeout = 180 % >
```

4.7.2　Server 对象的方法

1. CreateObject 方法

CreateObject 主要用于创建已经注册在服务器上的 ActiveX 组件的实例,通过使用 ActiveX,可以扩展 ASP 的功能。这个方法是 Server 对象中最重要的方法,在后面可以看到,许多功能都要用到它。使用 CreateObject 方法的语法为:

Server. Createobject("组件名称")

例如,创建一个 Connection 对象的实例的方法是:

```
< %
    Dim Obj
    Set Obj = Server. Createobject("Adodb. Connection")
% >
```

2. MapPath 方法

MapPath 方法将指定的相对或虚拟路径映射到服务器上相应的物理目录上。

其语法结构为:

Server. MapPath("相对或虚拟路径")

若相对或虚拟路径以一个正斜杠(/)或反斜杠(\)开始,则 MapPath 方法返回路径时将其视为完整的虚拟路径。若其不是以斜杠开始,则 MapPath 方法返回与该代码所在的 ASP 文件相对的路径。

注意:MapPath 方法不检查返回的路径是否正确或在服务器上是否存在。

【例 4 - 15】　用 Server 对象的 MapPath 方法获取当前网页在服务器上的绝对路径。

文件名为 ex4_15. asp,代码如下:

```
1    < %
2    Dim currentpath,datapath
3    currentPath = Request. ServerVariables("URL")
4    datapath = "database/data.mdb"
5    Response. Write "当前设定的服务器所在目录为:" &Server. MapPath("\")& " < BR > "
6    Response. Write "当前文件在服务器中的相对路径是:" & currentPath & " < BR > "
7    Response. Write "当前文件在服务器上的真实路径是:" &Server. MapPath(currentpath)& " < BR > "
8    Response. Write "网站所用数据库文件在服务器上的相对路径是:"&datapath&" < BR > "
9    Response. Write "网站所用数据库文件在服务器上的真实路径是:" &Server. MapPath(datapath)
10   % >
```

运行结果如图 4 - 18 所示。

　提示:

说明:

① Request. Servervariables("Url")获得当前文件 path. asp 在服务器中的相对路径,

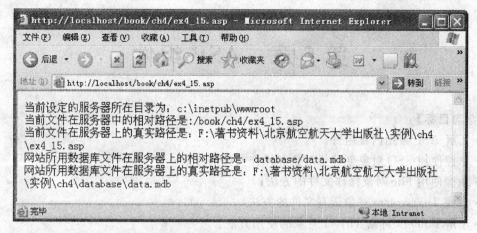

图 4-18　Mappath 方法获取物理路径

Server. MapPath(Spath)将相对路径转为绝对路径。

② 相对路径是指文件相对于服务器所在文件夹的相对路径关系,绝对路径是指相对于驱动器的真实路径。

③ 由于 MapPath 方法不检查返回的路径是否正确或在服务器上是否存在,所以 F:\著书资料\北京航空航天大学出版社\实例\ch4 下的 database 文件夹和 data. mdb 文件不一定存在。

小　结

本章的重点是理解五大对象(Response、Resquest、Session、Application 和 Server)、Cookie 集合和 global. asa 文件的概念及使用方法。利用 Response 对象和 Request 对象,可实现浏览器和服务器的交互,而 Request 对象的学习要和第 2 章中的表单结合起来;一般地,Session 对象广泛应用于系统登录;Application 对象用于计数器或聊天室;Server 对象的 CreateObject 和 MapPath 方法将在以后章节中广泛使用;global. asa 文件常用于系统变量的初始化,它常与 Session 和 Application 对象的事件相联系,在较复杂的网站中经常用到,应重点理解。

习题 4

1. 结合图 1-1 说明 Response 和 Request 对象的原理。
2. 如何利用 Application 对象记录页面访问次数?
3. 如何使用 Session 对象在用户登录系统中保存用户信息?
4. Server 对象的 MapPath 方法和 CreateObject 方法有何功能?
5. global. asa 应放在应用程序的哪个位置? 它有何功能?

第 5 章　ASP 组件

【学习目标】

➤ 了解 ASP 常用内置组件；

➤ 掌握使用 FSO 对象创建子对象和操作文件的方法；

➤ 掌握使用 File 对象操作文件的方法；

➤ 掌握 Textstream 对象读写文件的方法；

➤ 了解 Folders 对象、Driver 对象的使用方法。

组件是一个存在于 Web 服务器上的文件，是一组数据和功能的简单封装，是 ASP 程序设计过程中功能的扩展和补充。该文件包含执行某项或一组任务的代码，使程序员不需要学习复杂的编程技术就能够写出强大的 Web 服务器脚本。

组件包括内置组件和第三方组件，内置组件可以直接使用，第三方组件需要注册或安装后才能使用。

5.1　理解组件

组件由一个或多个对象以及对象的方法和属性构成。使用组件时，需要创建组件对象的实例。实例是对象的具体例子，具有对象的一切功能、属性和方法。

5.1.1　使用组件创建文本文件

文件访问组件 File Access 是一个最常用的 ASP 内置组件，下面通过一个使用该组件的实例理解组件的概念。

【例 5 - 1】　创建一个文本文件，并写入文本。

文件名为 ex5_1. asp，代码如下：

```
1   < %
2     Dim fs, fname
3     Set fs = Server.CreateObject("Scripting.FileSystemObject")
4     Set fname = fs.CreateTextFile("c:\test.txt")
5     fname.WriteLine("欢迎初次使用 ASP 组件，这是使用 File Access 组件的 FSO 对象创建的一个文
本文件。")
6     fname.Close()
```

```
7      Set fname = nothing
8      Set fs = nothing
9      % >
```

运行文件 ex5_1.asp,会在 C 盘下创建一个 test.txt 文本文件,并将指定的字符串写入到文件中,如图 5 - 1 所示,为创建的文本文件。

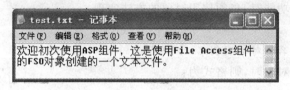

图 5 - 1　使用 ASP 组件创建文本文件

① File Access 组件提供了创建和操作文件的功能,FileSystemObject(FSO)对象是一个重要的对象,它通过文的方法对文件进行创建、复制、移动、删除等操作。TextStream 对象也是一个重要对象,它提供了对文件进行读写的功能。

本例使用 File Access 组件的 FSO 对象创建了一个文本文件。其中第 3 行创建了一个 FSO 对象的实例 fs,第 4 行通过实例 fs 用 FSO 对象的 CreateObject 方法创建了一个文本文件,并返回一个代表该文件的 TextStream 对象的实例 fname,第 5 行则使用 TextStream 对象的实例.fname 向文本文件中写入一行文本。

② 由第 3～5 行可以看出,对文件的操作是通过对象的方法实现的,实例是对象的具体例子,对象的方法和属性是通过实例来使用的。

5.1.2　组件对象的实例化和使用方法

1. 对象和实例的概述

在面向对象编程中,对象是实现实体操作和数据组成的模型。对象提供了很多可以完成某种任务的程序,即对象的方法,也提供了模型的一些特定参数,即属性。对象被封装好后,用户只能通过其方法和属性实现某种功能。

2. 组件对象的实例化

使用对象的方法和属性时,必须先创建对象的一个特定例子,即实例,再通过实例使用对象的方法或属性。创建对象实例需要用到 Server 对象的 CreateObject 方法。

语法格式为:

Set 对象实例名＝Server.CreateObject("对象字符串")

其中"对象实例名"是指要创建的对象实例的名称,它相当于一个变量。使用对象的方法和属性时必须使用对象实例名。"对象字符串"是对象在操作系统注册表上的识别字,一般它是固定的。

在 ex5_1. asp 中,第 3 行创建了 FSO 对象的实例 fs,使用的对象字符串是 Scripting. FileSystemObject;第 4 行,创建了 TextStream 对象的实例 fname,使用的字符串是 c:/test. txt。

3. 组件对象的使用方法

使用对象完成某项功能时,必须使用对象的方法实现。

语法格式为:

set 返回对象实例名=对象实例名.方法名

当对象方法无返回对象时,则格式为:

实例名.方法名

例如,ex5_1. asp 第 4 行使用 FSO 对象的 CreateTextFile 方法返回 TextStream 对象,并生成对象实例 fname;第 5 行使用 TextStream 对象的 WriteLine 方法向文本文件中写入文本。

对象的属性主要用于返回相应的参数。

语法格式为:

参数名=对象实例名.属性名

也可根据需要设置对象的属性,语法格式为:

对象实例名.属性名=值

例如,可使用 TextStream 对象的 line 属性计算光标所在行在整个文件中的行号,并存于变量 num 中。其代码为:

num = fname. line

5.1.3 常见的 ASP 组件

ASP 中较为常见的组件如表 5-1 所列。

表 5-1 常见的 ASP 组件

组件名	功能描述
Database Access	该组件提供了用 ADO 方式访问数据库的功能
File Access	该组件提供了对文件的存取功能
Brower Capabilities	该组件返回客户端浏览器的类型、版本等信息
Ad Rotator	该组件提供了强大的网络广告功能,可以按计划自动显示广告
Content Linking	该组件可以把许多网页进行动态链接
Myinfo	该组件用于追踪个人的信息

续表 5 - 1

组件名	功能描述
Counters	该组件可用于建立一个或多个计数器
Content Rotators	该组件用于在一个网页上随机地显示不同的网页内容
Page Counter	计数器组件,可用于记录网站上的网页被访问的次数
Permission Checker	该组件检查某一用户是否具有访问服务器端网页的权限

这些组件中,File Access 和 Database Access 是两个重要的组件,服务器文件的操作都是通过 File Access 组件实现的。例 5 - 1 即是一个使用了 File Access 的例子,5.2 节中将详细讲解。Database Access 组件用于操作数据库,将在第 6 章中详细讲解。

5.2　File Access 组件

通过例 5 - 1 对 File Access 组件有了简单的认识,它提供了对磁盘上文件的存取功能。在开发网站的过程中,往往有一些重要的数据需要长久地保存,例如计数器的值、客户资料等。如果用 ASP 中的变量或对象来保存,无法达到永久保存的目的,这时就需要把这些数据以文件的形式保存到磁盘上,这可以通过 File Access 组件的对象来实现。

File Access 组件包含了 5 个对象和 3 个集合。具体如表 5 - 2 和表 5 - 3 所列。

表 5 - 2　File Access 组件的对象

对象名	功能描述
FileSystemObject	该对象包含了对文件系统进行处理的所有基本方法
TextStream	该对象主要用来读写文本文件
File	该对象可对单个文件进行操作
Folder	该对象可用于处理文件夹
Drive	该对象实现对磁盘驱动器或网络驱动器的操作

表 5 - 3　File Access 组件的集合

集合名	功能描述
Files	表示文件夹中一系列的文件
Folders	该集合中的各项与文件夹中的各子文件夹相对应
Drivers	该集合代表了本地计算机或映射的网络驱动器中可使用的驱动器

5.2.1　FileSystemObject 对象

FileSystemObject 对象（简称 FSO 对象）是 File Access 中用得最多的一个对象，它提供了访问服务器的文件系统。其常用方法如表 5－4 所列。既可使用该对象直接访问本地或网络服务器上的文件、文件夹或驱动器，例如 CopyFile、CopyFolder、DeleteFile 等方法，也可通过创建子对象间接访问文件、文件夹和驱动器，例如 GetFile、GetDrive 等方法。

表 5－4　FileSystemObject 对象的方法

方　法	功能描述
CopyFile	从一个位置向另一个位置复制一个或多个文件
CopyFolder	从一个位置向另一个位置复制一个或多个文件夹
CreateFolder	创建新文件夹
CreateTextFile	创建文本文件，并返回一个 TextStream 对象
DeleteFile	删除一个或多个指定的文件
DeleteFolder	删除一个或多个指定的文件夹
FileExists	检查指定的文件是否存在
FolderExists	检查某个文件夹是否存在
GetDrive	返回指定路径中所对应的驱动器的 Drive 对象
GetFile	返回一个针对指定路径的 File 对象
GetFileName	返回在指定的路径中最后一个成分的文件名
GetFolder	返回一个针对指定路径的 Folder 对象
MoveFile	从一个位置向另一个位置移动一个或多个文件
MoveFolder	从一个位置向另一个位置移动一个或多个文件夹
OpenTextFile	打开文件，并返回一个用于访问此文件的 TextStream 对象

要使用 FileSystemObject 对象中的方法，首先要创建 FileSystemObject 的对象实例。

语法格式为：

Set FileSystemObject 对象实例名 = Server. CreateObject (" Scripting. FileSystemObject")

例如，下面语句创建了一个名称为 fs 的 FileSystemObject 对象实例。

```
Set fs = Server.CreateObject("Scripting.FileSystemObject")
```

1. CreateTextFile 方法

CreateTextFile 方法可在当前文件夹中创建新的文本文件，并返回可用于读写文件的

TextStream 对象。

语法格式为：

Set tsname＝FileSystemObject. CreateTextFile(filename[,overwrite[,unicode]])

其中,filename 是必需的,用以创建文件的路径和名称;overwrite 是可选的,指示能否覆盖已有文件的布尔值,True 指示可覆盖文件,False 指示不能覆盖文件,默认是 True;unicode 是可选的,指示文件是作为 Unicode 还是 ASCII 文件来创建布尔值,True 指示文件作为 Unicode 文件创建,而 False 指示文件作为 ASCII 文件创建,默认是 False;Tsname 是返回的 TextStream 对象实例名称,代表了该文本文件。

例如,下面语句创建了一个 TextStream 对象的实例 tfile,并使该实例指向 C 盘下文本文件 test. txt。

```
set tfile = fs. CreateTextFile("C:\test. txt")。
```

【例 5 - 2】　在当前 ASP 文件所在文件夹中创建一个文本文件,并写入文本。

文件名为 ex5_2. asp,代码如下：

```
1    < %
2    Dim path, fs, tfile
3    path = Server. MapPath("test. txt")
4    set fs = Server. CreateObject("Scripting. FileSystemObject")
5    set tfile = fs. CreateTextFile(path)
6    For i = 0 To 6
7    tfile. WriteLine("Hello World!")
8    Next
9    tfile. Close
10   set tfile = nothing
11   set fs = nothing
12   % >
```

运行 ex5_2. asp 文件后,在 ex5_2. asp 所在文件夹中创建 test. txt 文本文件,并写入 6 行 "Hello World"字符串。图 5 - 2 为创建的 test. txt 文件。

① 此例中,fs 为创建的 FileSystemObject 对象的实例名称,tfile 为 TextStream 对象的实例名称,tfile 由 fs 使用 FileSystemObject 对象的 createtextfile 方法创建。注意第 4 行和第 5 行中的 FileSystemObject 对象的实例名称要一致,第 5 行和第 7 行中的 TextStream 对象的实例名称要一致。

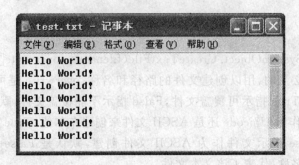

图 5 - 2　使用 CreateTextFile 方法创建文本文件

② WriteLine 为 TextStream 对象的方法,其功能是向文本文件中写入一行文本(参见表 5 - 6)。

③ 对文件操作完毕后,要关闭 TextStream 对象和 FileSystemObject 对象,以释放内存资源,语句如第 9～11 行所示。

2. OpenTextFile 方法

OpenTextFile 方法打开指定的文件,并返回可用来访问此文件的 TextStream 对象。

语法格式为:

Set TextStream 对象实例名= FileSystemObject.OpenTextFile(fname, mode, create, format)

其中,fname 为要打开的文件的名称,是必需的。mode、create、fomat 参数意义如表 5 - 5 所列。

例如,下面语句以只读方式打开文件 test.txt,并使用 TextStream 对象实例 tfile 指向该文件。

Set tfile = fs.OpenTextFile("test.text",True)

表 5 - 5　OpenTextFile 方法中的参数及意义描述

参　数	描　述
fname	必需的。要打开的文件名
mode	可选的。表示如何打开文件: 1＝ForReading　　打开文件用于读取数据。无法向此文件写数据 2＝ForWriting　　打开文件用于写数据 8＝ForAppending　打开文件,并向文件的末尾写数据
create	可选的。设置如果文件名不存在,是否创建新文件。True 指示可创建新文件,而 False 指示新文件不会被创建。False 是默认的
format	可选的。表示文件的格式: 0＝TristateFalse　　　　以 ASCII 打开文件。默认 −1＝TristateTrue　　　　以 Unicode 打开文件 −2＝TristateUseDefault　使用系统默认格式打开文件

【例 5 - 3】 读取例 5 - 2 中创建的 test1.txt 文本文件内容。

文件名为 ex5_3.asp,代码如下:

```
1    < %
2      Dim path,fs,tfile
3      path = Server.MapPath("test1.txt")
4      Set fs = Server.CreateObject("Scripting.FileSystemObject")
5      Set tfile = fs.OpenTextFile(path,1,True)
6      Do while not tfile.AtEndofStream
7      Response.Write (tfile.ReadLine() + "<br>")
8      Loop
9      tfile.Close
10     Set tfile = nothing
11     Set fs = nothing
12   % >
```

运行结果如图 5-3 所示。

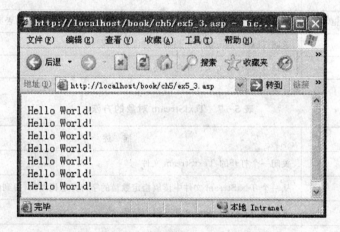

图 5-3　使用 OpenTextFile 方法读取文本

① 此例中,fs 为 FileSystemObject 对象的实例,第 5 行中,使用 FileSystemObject 对象的 OpenTextFile 方法创建了 TextStream 对象的实例 tfile。Create 参数为 True 表示如果没有 test1.txt 文件时,将会自动创建。

② AtEndofStream 是 TextStream 对象的属性,其功能是判断文件指针是否在 Text-Stream 文件的末尾(参见表 5-5)。

③ ReadLine 是 TextStream 对象的方法,其功能是读取文本文件中的当前行(参见表 5－6)。

5.2.2　TextStream 对象

　　TextStream 对象用于访问文本文件的内容。如果需要读、写文件内容,则需创建一个 TextStream 对象实例。创建 TextStream 对象的实例时,可以用 FileSystemObject 对象的 CreateTextFile 方法或者 OpenTextFile 方法(格式参见 FileSystemObject 对象的 CreateText-File 方法和 OpenTextFile 方法),也可以使用 File 对象的 OpenAsTextStream 方法(File 对象需用 FileSystemObject 对象的 GetFile 创建)。TextStream 对象的属性和方法描述如表 5－6 和表 5－7 所列。

表 5－6　TextStream 对象的属性

属　　性	描　　述
AtEndOfLine	在 TextStream 文件中,如果文件指针正好位于一行的末尾,那么该属性值返回 True;否则返回 False
AtEndOfStream	如果文件指针在 TextStream 文件末尾,则该属性值返回 True;否则返回 False
Column	返回 TextStream 文件中当前字符位置的列号
Line	返回 TextStream 文件中的当前行号

表 5－7　TextStream 对象的方法

方　　法	描　　述
Close	关闭一个打开的 TextStream 文件
Read	从一个 TextStream 文件中读取指定数量的字符并返回结果(得到的字符串)
ReadAll	读取整个 TextStream 文件并返回结果
ReadLine	从一个 TextStream 文件读取一整行(到换行符但不包括换行符)并返回结果
Skip	当读一个 TextStream 文件时跳过指定数量的字符
SkipLine	当读一个 TextStream 文件时跳过下一行
Write	写一段指定的文本(字符串)到一个 TextStream 文件
WriteLine	写入一段指定的文本(字符串)和换行符到一个 TextStream 文件中
WriteBlankLines	写入指定数量的换行符到一个 TextStream 文件中

　　在 TextStream 对象中,必须明确文件指针的概念。当用 FileSystemObject 对象创建或打开一个文本文件时,便得到了一个 TextStream 对象的实例,假定为 tfile,这时文件指针便指向

了文本文件的开头。通过使用 tfile 来读取文件或往其中写入信息时,可能是几行也可能是几个字符,但这时文件指针就不再指向文件的开始位置,而是指向刚开始或刚读出的字符的后面。这与 C 语言中处理文件时定义的文件指针概念很相似,因此,也称 TextStream 对象为文件指针。

【例 5 - 4】　创建一文本文件 test2. txt,并写入文本和空行,创建后的文本文件如图 5 - 4 所示。

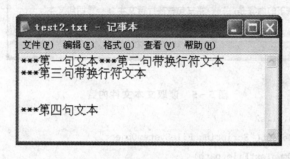

图 5 - 4　TextStream 对象的方法练习

文件名为 ex5_4. asp,代码如下:

```
1    < %
2    Dim path,fs,tfile
3    Set fs = Server. CreateObject("Scripting. FileSystemObject")
4    Set tfile = fs. CreateTextFile(Server. MapPath("test2. txt"),true)
5    tfile. Write("＊＊＊第一句文本")
6    tfile. Writeline("＊＊＊第二句带换行符文本")
7    tfile. Writeline("＊＊＊第三句带换行符文本")
8    tfile. Writeblanklines(2)    '写入两个空白行
9    tfile. Write("＊＊＊第四句文本")
10   tfile. Close
11   Set tfile = nothing
12   Set fs = nothing
13   % >
```

【例 5 - 5】　分别使用 Read、ReadLine 或 ReadAll 方法读取 ex5_4. asp 创建的文本文件内容,程序运行效果如图 5 - 5 所示。

文件名为 ex5_5. asp,代码如下:

```
1    < %
2    path = Server. MapPath("test2. txt")
```

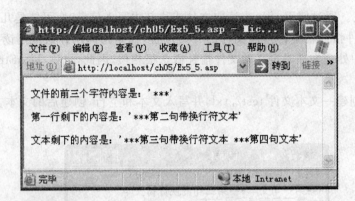

图 5-5　读取文本文件内容

```
3       Dim fs,tfile,ts,s1,s2
4       Set fs = CreateObject("Scripting.FileSystemObject")
5       Set tfile = fs.OpenTextFile(path)
6       s1 = tfile.Read(3)
7       Response.Write "文件的前三个字符内容是:'"&s1&"'"
8       Response.Write "<Br><Br>"
9       tfile.Skip(5)          '从当前位置往后跳过五个字符
10      s2 = tfile.ReadLine
11      Response.Write "第一行剩下的内容是:'"&s2&"'"&"<Br><Br>"
12      Response.Write "文本剩下的内容是:'"&tfile.ReadAll&"'"&"<Br>"
13      tfile.Close
14      % >
```

　　刚打开文件时,文件指针位于文件的开头,读取文本后,文件指针则位于当前文本之后,因此第 6、10 和 12 行读文本时文件指针所处的位置不同,读出的文本也不相同。

5.2.3　File 对象

　　File 对象提供了访问或者操作一个文件的功能,访问或操作文件是通过设置 File 对象的属性和调用其方法来实现的。要想使用 File 对象的属性和方法,应先创建 File 对象的实例。创建 file 对象,首先应创建一个 FileSystemObject 对象,然后通过 FileSystemObject 对象的 GetFile 方法返回 File 对象。

　　语法格式为:

Set FileSystemObject 对象实例名＝Server. CreateObject ("Scripting. FileSystemObject")

Set file 对象实例名＝FileSystemObject 对象实例名. GetFile ("文件路径及名称")

例如,下面语句创建了一个名称为 f 的 File 对象实例。

```
Dim fs,f
Set fs = Server.CreateObject("Scripting.FileSystemObject")
Set f = fs.GetFile("c:\test.txt")
```

File 对象的属性如表 5－8 所列,方法如表 5－9 所列。

表 5－8　File 对象的属性

属　性	描　述
Attributes	可选的。规定文件或文件夹的属性值,可采用下列值之一或者下列值的组合:0(普通文件)、1(只读文件)、2(隐藏文件)、4(系统文件)、16(文件夹或目录)、32(上次备份后已更改的文件)、1024(链接或快捷方式)和2048(压缩文件)
DateCreated	返回指定文件创建的日期和时间
DateLastAccessed	返回指定文件最后被访问的日期和时间
DateLastModified	返回指定文件最后被修改的日期和时间
Drive	返回指定文件或文件夹所在的驱动器的驱动器字母
Name	设置或返回指定文件的名称
ParentFolder	返回指定文件或文件夹的父文件夹对象
Path	返回指定文件的路径
ShortName	返回指定文件的短名称(8.3 命名约定)
ShortPath	返回指定文件的短路径(8.3 命名约定)
Size	返回指定文件的尺寸(字节)
Type	返回指定文件的类型

表 5－9　File 对象的方法

方　法	描　述
Copy	把指定文件从一个位置复制到另一个位置
Delete	删除指定文件
Move	把指定文件从一个位置移动到另一个位置
OpenAsTextStream	打开指定文件,并返回一个 TextStream 对象以便访问此文件

【例 5 - 6】 利用 FileSystemObject 对象和 File 对象的方法,创建一文本文件,并对它进行复制、移动和删除操作。

文件名为 ex5_6. asp,代码如下:

```
1    < %
2    Dim fs,f1,f2,f3
3    Set fs = Server. CreateObject("Scripting. FileSystemObject")
4    Set f1 = fs. CreateTextFile(Server. MapPath("test3.txt"),True)
5    f1. Write("该文件用于测试 file 对象的方法!")    '写一行
6    f1. Close    '关闭文件
7    Set f2 = fs. GetFile(Server. MapPath("test3.txt"))
8    f2. Move(Server. MapPath("test1\test3.txt"))    '把文件移动到 test1 目录
9    f2. Copy(Server. MapPath("test2\test3.txt"))    '把文件复制到 test2 目录
10   Set f3 = fs. GetFile(Server. MapPath("test2\test4.txt"))
11   f3. Delete    '删除文件
12   % >
```

例题解析:

① 运行该程序前,需先在根目录位置建立两个文件夹,并分别命名为 test1 和 test2。

② 复制、移动和删除文件除了使用 File 对象的方法实现外,还可以使用 FileSystemObject 对象的 CopyFile、MoveFile 和 DeleteFile 方法实现。

【例 5 - 7】 利用 FileSystemObject 对象和 File 对象的方法,创建一文本文件,并显示该文件的属性。

文件名为 ex5_7. asp,代码如下:

```
1    < Title >使用 File 对象查看文件属性 < /Title >
2    < CENTER > < H2 >使用 File 对象查看文件属性 < /H2 > < /CENTER >
3    < HR >
4    < %
5    whichfile = Server. MapPath("test4.txt")
6    Set fs = CreateObject("Scripting. FileSystemObject")
7    Set tfile = fs. CreateTextFile(whichfile,true)
8    tfile. Write ("这是一个测试文件属性的文件.")
9    tfile. Close
10   Set t_attributes = fs. GetFile(whichfile)
11   s = "文件名称:" & t_attributes. name & " < BR >"
```

```
12    s = s & "文件短路径名:" & t_attributes.shortPath & " < BR > "
13    s = s & "文件物理地址:" & t_attributes.Path & " < BR > "
14    s = s & "文件属性:" & t_attributes.Attributes & " < BR > "
15    s = s & "文件大小:" & t_attributes.size & " < BR > "
16    s = s & "文件类型:" & t_attributes.type & " < BR > "
17    s = s & "文件创建时间:" & t_attributes.DateCreated & " < BR > "
18    s = s & "最近访问时间:" & t_attributes.DateLastAccessed & " < BR > "
19    s = s & "最近修改时间:" & t_attributes.DateLastModified
20    Response.Write(s)
21    t_attributes.Close
22    Set t_attributes = nothing
23    Set fs = nothing
24    % >
```

运行结果如图 5-6 所示。

图 5-6　使用 File 对象查看文件属性

① 第 5~8 行创建了文本文件,并往其中写入了文本。第 10 行创建 File 对象的实例 t_attributes,用以取得文本文件的属性。

② 第 11~19 行将文件的属性及相关字符串都放到变量 s 中,第 20 行输出变量 s,即得到图 5-6 所示的结果。

5.2.4　Drive 对象

Drive 对象用于返回关于本地磁盘驱动器或者网络共享驱动器的信息。Drive 对象可以返回有关驱动器的文件系统、剩余容量、序列号、卷标名等信息。若需操作 Drive 对象的相关属性,则要通过 FileSystemObject 对象来创建 Drive 对象的实例。即先创建一个 FileSystemObject 对象,然后通过 FileSystemObject 对象的 GetDrive 方法来返回 Drive 对象。

语法格式为:

< %set FileSystemObject 对象实例名称 = Server. CreateObject (" Scriping. FileSystemObject")

Set drive 对象实例名称 = FileSystemObject 对象实例名称. getdrive("驱动器号")% >

注意:要返回有关驱动器内容的信息,应使用 Folder 对象,而不能使用 Drive 对象。

例如,下面语句创建了一个名称为 dr 的 Drive 对象实例。

```
Dim fs,dr
Set fs = Server.CreateObject("Scripting.FileSystemObject")
Set dr = fs.GetDirve("c:")
```

Drive 对象的属性如表 5-10 所列。

表 5-10　Drive 对象的属性

属　性	描　　述
AvailableSpace	向用户返回在指定的驱动器或网络共享驱动器上的可用空间
DriveLetter	返回识别本地驱动器或网络共享驱动器的大写字母
DriveType	返回指定驱动器的类型
FileSystem	返回指定驱动器所使用的文件系统类型
FreeSpace	向用户返回在指定的驱动器或网络共享驱动器上的剩余空间
IsReady	如果指定驱动器已就绪,则返回 True;否则返回 False
Path	返回其后有一个冒号的大写字母,用来指示指定驱动器的路径名
RootFolder	返回一个文件夹对象,该文件夹代表指定驱动器的根文件夹
SerialNumber	返回指定驱动器的序列号
ShareName	返回指定驱动器的网络共享名
TotalSize	返回指定的驱动器或网络共享驱动器的总容量
VolumeName	设置或者返回指定驱动器的卷标名

【例 5-8】　利用 Drive 对象取得 C 盘总空间和可用空间,并输出。

文件名为 ex5_8.asp,代码如下:

```
1    < %
2    Dim fs,dr
3    Set fs = Server.CreateObject("Scripting.FileSystemObject")
4    Set dr = fs.GetDrive("c:")
5    Response.Write("Drive " & dr & "<BR>")
6    Response.Write("Total size in bytes: " & dr.TotalSize&"<BR>")
7    Response.Write("Available space in bytes: " & dr.AvailableSpace&"<BR>")
8    Set d = nothing
9    Set fs = nothing
10   % >
```

运行结果如图 5-7 所示。

图 5-7　用 Drive 取得 C 盘空间

5.2.5　Folder 对象

Folder 对象用于返回指定文件夹的信息,可以利用 Folder 对象获取指定文件夹的信息,或者对指定的文件夹进行各种操作,例如移动、创建、删除等。如需操作 Folder 对象,需要通过 FileSystemObject 对象来创建 Folder 对象的实例。创建 Folder 对象实例通常有两种方法:一种是通过 Folders 数据集合的 item 属性来创建;另一种是通过 FileSystemObject 对象的 GetFolder 方法创建,其语法格式为:

< %set FileSystemObject 对象实例名称 = Server.CreateObject("Scriping.FileSystemObject")

Set folder 对象实例名称= FileSystemObject 对象实例名称.GetFolder("目录名")% >

例如,下面语句创建了一个名称为 fo 的 Folder 对象实例。

```
Dim fs,fo
Set fs = Server.CreateObject("scripting.FileSystemObject")
```

Set fo = fs.GetFolder("c:\test5")

Folder 对象的集合、属性和方法如表 5-11、表 5-12 和表 5-13 所列。

表 5-11　Folder 对象的集合

集　合	描　述
Files	返回指定文件夹中所有文件夹的集合
SubFolders	返回指定文件夹中所有子文件夹的集合

表 5-12　Folder 对象的属性

属　性	描　述
Attributes	设置或返回指定文件夹的属性
DateCreated	返回指定文件夹被创建的日期和时间
DateLastAccessed	返回指定文件夹最后被访问的日期和时间
DateLastModified	返回指定文件夹最后被修改的日期和时间
Drive	返回指定文件夹所在的驱动器的驱动器字母
IsRootFolder	若文件夹是根文件夹，则返回 True；否则返回 False
Name	设置或返回指定文件夹的名称
ParentFolder	返回指定文件夹的父文件夹
Path	返回指定文件的路径
ShortName	返回指定文件夹的短名称（8.3 命名约定）
ShortPath	返回指定文件夹的短路径（8.3 命名约定）
Size	返回指定文件夹的大小
Type	返回指定文件夹的类型

表 5-13　Folder 对象的方法

方　法	描　述
Copy	把指定的文件夹从一个位置拷贝到另一个位置
Delete	删除指定文件夹
Move	把指定的文件夹从一个位置移动到另一个位置
CreateTextFile	在指定的文件夹创建一个新的文本文件，并返回一个 Text-Stream 对象以访问这个文件

【例 5-9】　使用 Folder 对象的集合、属性显示 C 盘下 design 文件夹的属性信息以及其中所有的文件夹和文件名称。

文件名为 ex5_9.asp，代码如下：

```
1    < HTML >
2      < HEAD >
3        < TITLE > 使用 folder 对象显示子文件夹和文件信息 </TITLE >
4      </HEAD >
5      < BODY >
6    < %
7    Set fs = Server. CreateObject("Scripting. FileSystemObject")
8    Set fo = fs. Getfolder("c:\design")
9    % >
10      目录名称：< % = fo. Name % > < BR >
11      目录路径：< % = fo. Path % > < BR >
12      目录类型：< % = fo. Type % > < BR >
13      目录大小：< % = fo. Size % > < BR >
14      建立日期：< % = fo. DateCreated % > < BR >
15      父目录名：< % = fo. ParentFolder % > < BR >
16      目录中的子目录：< BR >
17    < %
18    For Each list In fo. SubFolders
19        Response. Write list&" < BR > "
20    Next
21    % >
22      目录中的文件：< BR >
23    < %
24    For each list in fo. Files
25        Response. Write list&" < BR > "
26    Next
27    % >
28      </BODY >
29    < /HTML >
```

运行结果如图 5 - 8 所示。

例题解析：

① 程序执行前，需先在 C 盘下创建名为 design 的文件夹，并创建多个子文件夹和文件。

② 第 7～16 行创建了 Folder 对象的实例，并输出了文件夹的相关属性信息。第 18～20 行用循环输出了文件夹中的所有子文件夹名称，第 24～26 输出了文件夹中的所有文件名称。当不知道集合中有多少个元素时，一般用 For Each 循环非常方便。

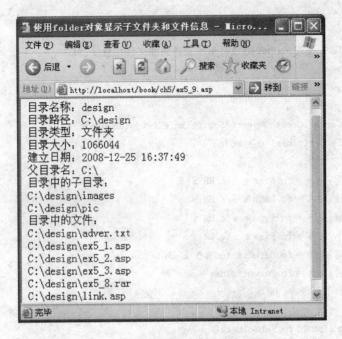

图 5-8　Folder 对象显示文件夹信息

5.2.6　扩展实例训练——文件阅读器网页的制作

【例 5-10】　编写文本文件阅读器程序:使用 File 表单控件定位一个文本文件,打开该文件,读取显示所有行,程序运行如图 5-9 所示。

文件名为 ex5_10.asp(代码参见下载源码)。

提示:

① 程序由表单及 File 控件部分、接收表单信息部分和阅读文件部分三部分组成,分别用于选择文本文件、接收文本文件和读取文本文件。接收部分用 ASP 内置对象 Request 实现,阅读文件部分由 TextStream 对象完成。

② 阅读文件部分可用过程实现。阅读文件内容时,可用循环读一行的方式实现,代码如下:

```
While Not tfile.AtEndOfStream

        rsline = tfile.ReadLine

        rsline = Server.HTMLEncode(rsline)

        Response.Write(rsline & "< br >")

Wend
```

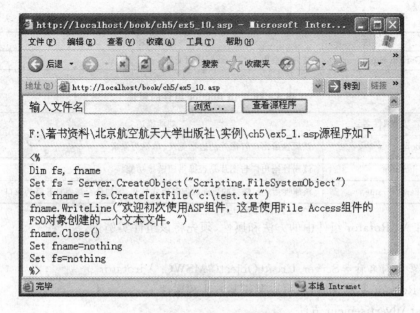

图 5-9　文本文件阅读器

5.3　其他组件

除 File Access 之外，ASP 组件还有 Brower Capabilities、Ad Rotator、Content Linking、Counters 和 Page Counter 等多个组件，这些组件用法与 File access 组件用法相似，都是先创建一个组件的实例，然后再用其方法和属性完成某项功能。

5.3.1　AD Rotator 组件

使用 AD Rotator 组件可快速在网站上建立一个广告系统，它允许在每次访问或刷新 ASP 页面时在页面上显示不同的广告，并且容易添加新的广告，删除旧的广告。在这些文件中，可以轻松设置或更新它们的超链接。如果需要更改广告，则只需要在重定向和轮换计划文件中更改此广告，而不必修改包含此广告的所有 ASP 文件。如果此广告出现在网站中的许多网页上，这样就可以节省开发时间。

1. Ad Rotator 组件的属性和方法

Ad Rotator 组件提供了 1 个方法和 3 个属性，如表 5-14 和表 5-15 所列。

表 5 - 14　Ad Rotator 组件的方法

方　法	功能描述
GetAdvertisement	该方法取得 Ad Rotator 计划文件

表 5 - 15　Ad Rotator 组件的属性

属性名	功能描述
Border	该属性给出广告图片的边框宽度,单位为像素
Clickable	该属性给出广告图片是否提供超链接功能
TargetFrame	该属性指定超链接的页面以何种形式打开,例如是否需要打开新的窗口

要使用 Ad Rotator 组件中的方法和属性,须先将该组件实例化。

语法格式为:

Set 对象实例名称＝Server. CreateObject("MSWC. Adrotator")

对 Ad Rotator 实例化后,就可以调用其方法和属性了。

(1) GetAdvertisement 方法

Ad Rotator 组件只有一个方法 GetAdvertisement,该方法用于获取 Ad Rotator 计划文件的信息,并根据该文件中设定的广告次序及时间频率轮换显示出广告。

语法格式为:

对象实例名. GetAdvertisement ("Ad Rotator 计划文件")

(2) Border 属性

Border 属性指定在显示广告时是否要给广告加上一个边框,以及边框的大小。

语法格式为:

对象实例名. Border＝数值

其中,0 表示无边框,数值越大边框越粗。

(3) Clickable 属性

Clickable 属性指出该广告图片是否设超级链接,True 表示设超级链接,False 表示不设超级链接,默认为 True。

语法格式为:

对象实例名. Clickable＝布尔值

(4) TargetFrame 属性

TargetFrame 属性指定超级链接后的页面以何种方式打开。

语法格式为:

对象实例名. TargetFrame＝string

其中,string 的值可以是页面上任何框架的名称,或者是预定义的 HTML 的框架名,例如

_top、_new、_child、_self、_parent、_blank 等。

要使用 Ad Rotator 组件的效果,需要用到 3 个文件:Ad Rotator 计划文件记录所有广告信息;重定向文件对单击广告条的事件进行处理;广告显示页面则建立和显示广告条。

2. Ad Rotator 组件的使用

(1) Ad Rotator 计划文件

Ad Rotator 组件的功能实际上是通过读取一个 Ad Rotator 计划文件来完成的。该文件是一个文本文件,它定义了各个广告要显示的图片路径、广告与边框的大小、超级链接和广告轮显次序及频率等信息。下面的 adver. txt 是一个 Ad Rotator 计划文件的例子。

文件名为 adver. txt,代码如下:

```
Redirect link.asp              '广告被单击后所指向的文件
Width 468                      '以像素为单位指定广告的宽度
Height 60                      '以像素为单位指定广告的高度
Border 0                       '以像素为单位指定广告四周的边框宽度
*                              '分隔符号
w3school.gif                   '该广告的图像文件名及位置
http://www.microsoft.com/      '单击该广告后要转到的 URL 值
Visit W3School                 '图像的替代文字
40                             '广告的显示频率,频率越高显示的次数越多
microsoft.gif
http://www.microsoft.com/
Visit Microsoft
30
baidu.gif
http://www.baidu.com/
Visit baidu
30
```

Ad Rotator 计划文件由两部分组成。第 1 部分即 * 之前的 4 行,用于设置广告单击后指向的文件、图片宽度、高度和广告四周的边框宽度。第 2 部分即 * 之后的部分,指定每个单独广告的图片文件、链接地址、替代文字和显示频率。

(2) 重定向文件

重定向文件即在 Ad Rotator 计划文件开头指定的文件(link. asp),在用户单击广告图片时,用 ASP 编写的 AdRotator 重定向文件可以在显示广告之前,捕获某些信息。例如可以记录客户端 IP 地址、客户端看到的广告所在的网页、广告点击的频率等,并将这些信息写入一个文件。程序能够根据 Ad Rotator 计划文件指定的 URL 自动转到相应的网址。该程序内容如下:

```
< % @language = "VBScript" % >
< % Response.Redirect   Request.QueryString("url")% >
```

（3）广告显示页面

广告显示页面即显示广告轮显图片的网页文件。该文件首先必须使用 Server.CreateObject 方法实例化 Adrotator 对象,然后再使用其 GetAdvertisement 方法定向到 Ad Rotator 计划文件。例如,下面即是一个简单的广告显示页面。

```
< %
Set ad = Server.CreateObject("MSWC.Adrotator")
Respone.Write ad.GetAdvertisement ("adver.txt")
% >
```

其中,Ad 为 Ad Rotator 组件实例名,adver.txt 为 Ad Rotator 计划文件。

使用 Ad Rotator 组件还可以直接通过对象属性设定广告边框大小和广告图片的超级链接情况,而不是由 Ad Rotator 计划文件来直接控制某些广告特性。

【例 5-11】 创建一个显示广告条的页面,效果如图 5-10 所示,当刷新页面时,广告内容会随机变化。单击后,进入在 AD Rotator 计划文件中设置的重定向文件跳转页面。

图 5-10 AD Rotator 组件制作的轮显广告

① Ad Rotator 计划文件名为 adver.txt。

② 重定向文件名为 link.asp,代码如下:

```
< % @language = "VBScript" % >
< % Response.Redirect Request.Querystring("url")% >
```

③ 广告显示页面文件名为 ex5_11.asp,代码如下:

```
1    < % @LANGUAGE = VBScript % >
2  < %
3    Set ad = Server. CreateObject("MSWC. AdRotator")
4    ad. Border = 0
5    ad. Clickable = True
6    ad. TargetFrame = "target = '_blank'"
7    Response. Write ad. GetAdvertisement("adver. txt")
8  % >
```

例题解析:

① 网页执行的先后顺序分别是:ex5_11. asp、adver. txt、link. asp、adver. txt。即先运行 ex5_11. asp,由 Ad Rotator 组件的 GetAdvertisement 方法定向到计划文件 adver. txt,显示由 adver. txt 指定的轮显广告图片。当点击某一广告图片时,再提交给重定向文件 link. asp 处理,并传递链接的 URL,由重定向文件接收链接 URL 地址,并转向该地址。

② 广告计划文件要按其固定格式编写,不能随意编写。

5.3.2 Page Counter 组件

Page Counter 组件可以很方便地统计出当前网页的被访问次数,并把统计出来的数据以文本文件的形式定期地保存在服务器磁盘上。因此,在停机或出现错误的情况下,统计的数据也不会丢失,这样就确保了统计数据的准确性。

Page Counter 组件提供了 3 个方法来实现计数器的功能。在使用该方法之前,要先对该组件进行对象实例化。

语法格式为:

< %Set 对象实例名称=Server. CreateObject("MSWC. PageCounter")% >

在对 Page Counter 组件进行对象实例化后,就可以调用该组件提供的方法了。具体方法如表 5 - 16 所列。

表 5 - 16 Page Counter 组件的方法

方　　法	功能描述
Hits(Path)	返回指定网页的访问次数,如果没有指定参数,则默认为当前页
PageHit(　)	增加当前网页的访问次数
Reset(path)	将指定网页的访问次数重置为 0,默认为当前网页

【例 5 - 12】 编写一网页计数器跟踪访问者的次数并发送特定的消息给第 1000 个访

问者。

文件名为 ex5_12.asp,代码如下:

```
1    < %
2    Set MyPageCounter = Server.CreateObject("MSWC.PageCounter")
3    MyPageCounter.PageHit
4    hitme = MyPageCounter.Hits
5    If hitme = 1000 Then
6    % >
7      祝贺您,您是第一千个访问者! < BR >
8    < % Else % >
9      欢迎您,你是第 # < % = hitme % > 个访问者 < BR >
10   < % End If % >
```

运行结果如图 5 - 11 所示。

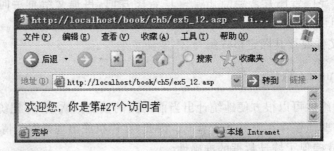

图 5 - 11 Page Counter 组件统计访问人数

① 访问本页时,第 3 行用 Pagehit()方法使访问次数增加一次,第 4 行通过 Hits 方法将总的访问次数存入变量 hitme,第 9 行输出次数。

② 由于 Page Counter 是 ASP 内置组件,因此总访问次数实际记录在一个系统文件中。前面第 4 章讲的计数器是写在 Application 变量中,实际是在内存中。在动态网页制作中,常需要自己保存这个数值,因此,可通过 File Access 组件将其写入文本文件,或使用 Database Access 组件写入数据库中,以永久保存。

5.3.3 第三方组件

在编程过程中,有时可能会感到使用 ASP 内置的对象或组件来完成某一任务会有点烦琐,这时可以考虑使用一些第三方组件。所谓第三方组件,其实就是由其他商家编写的用于补充 ASP 功能的组件,这些组件可以提高 ASP 的编程应用能力。这些组件的使用方法与内置组件相同,只不过在使用前需要先在服务器上注册或安装,因此,有时也给使用者带来一些不便。

常用的第三方组件有:文件上传组件、邮件发送组件和 Permission Checker 组件等。

1. LyfUpload 上传组件

常用的文件上传组件有 ASPUpload、FileUpload 等,其中 LyfUpload 功能比较全,而且使用起来比较方便,目前众多的虚拟主机服务商在服务上提供该组件。LyfUpload 上传组件是一个 DLL(Dynamic Link Library,动态链接库)文件,名为"LyfUpload"。该组件的主要功能有支持多文件上传、上传文件改名、限制上传文件大小和类型、得到上传文件的大小和类型等。

该组件提供的方法和属性有:

➤ Request 方法　　得到提交页面中表单元素的值。
➤ Filetype 方法　　得到上传文件的 Content-Type。
➤ Savefile 方法　　上传客户端选择的文件。
➤ About 方法　　显示 LyfUpload 组件的作者及版本号等信息调用。
➤ Extname 属性　　限制上传文件的类型。
➤ MaxSize　　限制上传文件的大小。
➤ FileSize　　得到上传文件的大小。

2. W3 jmail 邮件发送组件

W3 jmail 邮件发送组件支持 HTML 格式,发送邮件速度快,功能丰富,是一款较好的邮件组件。它提供的方法和属性主要有:

➤ From 属性　　发件人的 E-mail 地址。
➤ FromName　　发件人的姓名。
➤ AddRecipient　　添加收件人的 E-mail 地址。
➤ Subject　　邮件的主题。
➤ Body　　邮件的正文。
➤ AddAttachment　　添加附件。
➤ Send　　发送邮件。
➤ Close　　关闭对象。

小　结

ASP 的组件是 ASP 功能的有益扩展,程序员利用组件可以轻松地实现许多原本复杂的功能,写出简单易懂而功能强大的 Web 页面程序。本章中,主要掌握 File Access 组件的 File-

SystemObject 对象、File 对象和 TextStream 对象的使用方法。File Access 常用于文件的上传管理；另外，须理解面向对象编程的方法，即先创建对象实例，再使用对象的方法和属性实现某项功能。

习题 5

1. 解释概念：对象、实例、方法和属性。

2. FileSystemObject 对象有何功能？它与 File Access 组件、TextSteam 对象、File 对象、Folders 对象和 Driver 对象有何关系？

3. FileSystemObject 对象有何功能？它有哪些常用的方法？

4. TextStream 对象有何功能？它有哪些常用的方法和属性？

5. File 对象有何功能？它有哪些常用的方法和属性？

6. Folder 对象和 Drive 对象有何功能？

第6章 ADO 访问数据库

【学习目标】
➢ 掌握数据库基本知识和 SQL 常用语句的使用；
➢ 掌握使用 Connection 对象连接数据库的方法；
➢ 掌握使用 Connection、Recordset 和 Command 对象操作数据库的方法；
➢ 掌握动态网页制作中的常用技巧，例如分页技术和参数传递等。

为了方便使用，动态网站的数据信息一般保存在数据库中。用户使用 ASP 内建的 Database Access 组件，可以通过 Activex Data Object（ADO）访问存储在服务器端的数据库。ADO 是对当前微软所支持对数据库进行操作的最有效、最简单和最直接的方法，是一种功能强大的数据访问编程模式，从而使大部分数据源可编程的属性直接扩展到网站的 ASP 页面上。

ADO 可用来编写紧凑简明的脚本，以便连接到 Open Database Connectivity（ODBC）兼容的数据库和 OLE DB 兼容的数据源，这样，ASP 程序就可以访问任何与 ODBC 兼容的数据库，包括 SQL Server、Access 和 Oracle 等。

6.1 数据库知识

数据库用于存储数据，目前有多种形式的数据库系统，而其中最受欢迎且广泛被使用的便是关系型数据库系统。这一类型数据库将数据按类别存储在各种数据表中，并且通过数据表之间的关联，进行数据的调整与搜寻等维护操作。本章将重点通过 Access 数据库讲解数据库的相关知识。

6.1.1 创建一个 Access 数据库

下面通过创建一个简单的数据库和数据表，了解数据库的相关知识。

1. 创建数据库文件

打开 Access，通过"文件/新建"选项新建一个空白数据库文件 news. mdb，如图 6-1 所示。

2. 设计数据表结构

选中窗口中的对象列表中的"表"，双击"使用设计器创建表"选项，打开数据表的设计界面。在数据表设计视图中，分别创建 ID、title、content、author、pic、time 等字段，并为其设定合适的数据类型，如图 6-2 所示，最后将表以 article 命名。

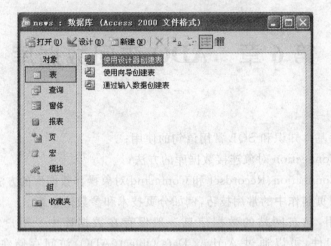

图 6-1　创建一个新数据库文件

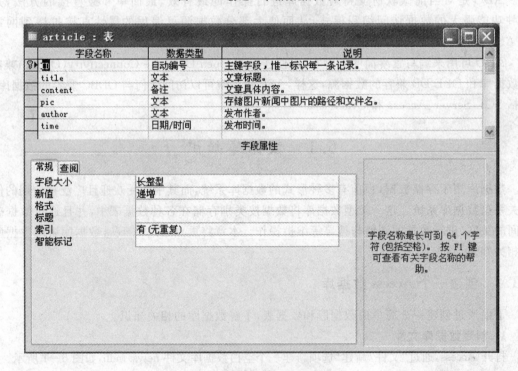

图 6-2　设计数据表的字段

3. 向数据表中添加数据

双击 article 表，打开数据表，向其中添加数据，如图 6-3 所示。

ID	title	content	pic	author	time
1	大学生青年志愿服务活动启动	3月5日，"参与志愿服务，争创双评佳绩"	images/1.jpg	张钰	-30 12:05:18
2	我院举办"心系双评，崇尚文	3月21日，信息与控制工程学院举办的"心	images/2.jpg	韩殿	-30 12:07:06
3	我院在2008年学雷锋青年志愿	为继续弘扬"奉献、友爱、互助、进步"的	images/3.jpg	张钰	-30 12:07:33
4	信控学院师生在07年全国大学	近日，在刚刚结束的2007年全国大学生电		张钰	-30 12:08:02
5	信控学院团总支工作理念	座右铭：		韩殿	-30 12:37:53
6	关于2007-2008学年第2学期劳	各院系：		王磊	-30 12:38:24
7	08级毕业设计资料	毕业论文相关资料		王磊	-30 12:38:49
8	利基节能研究院简介	1、成立利基节能研究院的目的意义		韩殿	-30 12:39:15
9	关于进一步明确学院办学指导	自2004年12月1日以来，全院师生围绕如何		王磊	-30 12:40:13
10	信控学院-电子信息工程本科专	本专业培养德、体、美全面发展，具备		韩殿	-30 12:41:23
11	实验室简介	信息与控制工程学院设有信息与控制实验	images/4.jpg	韩殿	-30 12:42:19
12	信息与控制实训中心	一、电工实习室		王磊	-30 12:42:50
14	第27次全国计算机等级考试工	第27次全国计算机等级考试于2008年4月12		韩殿	-30 12:48:16
15	多媒体技术实验室	主要设备：多媒体微机、采编机、数码摄	images/5.jpg	王磊	-30 12:48:28
16	国家软科学研究计划备选项目	各院系部、各部门：		王磊	-30 12:48:57
17	我校"应用无机化学"重点学	本站讯　2008年5月14日，我校"应用无机		王磊	-30 12:52:00
18	新《科技进步法》7月1日起正	修订后的《中华人民共和国科学技术进步		王磊	-30 12:52:47
*	(号)				2-1 15:24:39

图 6-3　输入了数据的数据表

6.1.2　数据库的常用概念和术语

1. 表、记录和字段

表是按某一公共结构存储的一组相似数据。数据库本身由多个数据表所组成，数据表外观类似于 Excel 之类的表格。其按行、列方式排列数据，每一个行代表一个记录，每一列代表一个字段，每一个字段均有其特定的字段名称和字段数据类型。如图 6-3 所示，数据表 article 可包含 ID、title、content、author 和 time 多个字段，而每一条新闻的 ID、title、content、author 和 time 等字段内容的一组信息就是一条记录。

注意：在数据库中创建表时，表中的字段必须指定一种数据类型，且字段中存储的数据必须与字段所指定的数据类型一致。例如，若 title 字段设计为文本类型，则每一条记录中该字段的数据必须是字符；若 time 字段设计为日期型，则每条记录的该字段必须输入日期。

2. 数据库

一个关系型数据库通常包含了多个数据表，通过建立表与表之间的关系来定义数据库的结构。例如，新闻网站可提供新闻表，还有存储新闻栏目表、管理员表等。这些表共同构成了一个数据库，它们相互之间可能存在相互联系，也可能没有联系。

3. 索　引

在关系数据库中，通常使用索引来提高数据的检索速度。它的主要功能有两种，即增加数据的搜寻速度和设置数据表关联。如果没有索引，则执行查询时，Access 必须从第一个记录开始扫描整个表的所有记录，直到找到符合要求的记录。表里面的记录数量越多，这个操作的代价越高。若作为搜索条件的列上已经创建了索引，则 Access 无需扫描任何记录，即可迅速得到目标记录所在的位置。这样的搜索速度就会比逐个扫描快很多倍。

索引根据其功用可以分为主键(主索引)和一般性索引两种。一个数据表中只能有一个字段被设为主键,该字段的值在整个数据表中是唯一的,不允许重复。例如,新闻的编号在新闻表中是唯一的,一个编号就对应一条新闻。

数据表中的其他索引被称为一般性索引,这种类型的索引没有唯一性,这些索引也可加快数据库的搜索速度。

4. 关　系

关系型数据库将数据按类别存储在不同的数据表中,以方便数据的管理与维护。不同的数据表通过数据表之间的特定字段,定义它们之间的关系,用户通过关系,在不同数据表中取得相关的数据内容。

通过设计各种不同的关系,可以以极具弹性的方式存取数据表中的任何数据内容。建立好关系对于规范化表结构,减少数据冗余,保证数据完整性,保证数据有效性,提高数据安全性等方面起着重要的作用。

6.1.3　SQL 常用语句

SQL 全称是结构化查询语言(Structured Query Language),最早是 IBM 公司的圣约瑟研究实验室为其关系数据库管理系统 System R 开发的一种查询语言,其前身是 Square 语言。SOL 语言结构简洁,功能强大,简单易学,所以自从 IBM 公司 1981 年推出以来,SQL 语言得到了广泛的应用。目前,SQL 语言已被确定为关系数据库系统的国际标准,被绝大多数商品化关系数据库系统采用,例如 Oracle、Sybase、DB2、Informix 和 SOL Server 等,这些数据库管理系统都支持 SQL 语言作为查询语言。

SQL 语言主要有数据定义语句(DDL)、数据操纵语句(DML)和数据控制语句(DCL)三类语句组成。数据定义语句主要用于定义 SQL 模式、基本表、视图和索引等;数据操纵语句主要用于数据查询和数据更新,其中数据更新又分为插入、删除和修改三种操作;数据控制语句主要用于对基本表和视图的授权、完整性规则的描述和事务控制等。本节主要介绍数据操作语句。

1. SQL 运算符

在 SQL 语句中可以使用的运算符包括以下几类:

➤ 比较运算符(大小比较)有>、>=、=、<、<=、<>、!>(不大于)、!<(不小于)。

➤ 范围运算符(表达式值是否在指定的范围内)有 between... and...、not between... and...。

➤ 列表运算符(判断表达式是否为列表中的指定项)有 in(项 1,项 2,……)、not in(项 1,项 2,……)。

➤ 模式匹配符(判断值是否与指定的字符通配格式相符)有 like、not like。

➤ 空值判断符(判断表达式是否为空)有 is null、not is null。

➤ 逻辑运算符(用于多条件的逻辑连接)有 not、and、or。

- 通配字符（代替未知的字符）有百分号%（可匹配任意类型和长度的字符）、下划线_（匹配单个任意字符）、方括号[ ]（指定一个字符、字符串或范围，要求所匹配对象为它们中的任意一个）。

例如，若使变量 age 在 20 和 30 之间，则可表达为 Age bewteen 20 and 30 相当于 Age>=10 and age<=30。若限制字符串以 publishing 结尾，则表示为 Like '%publishing'。

另外，SQL 还有一些用来计算的函数，即合计函数。例如，用 AVG 函数计算平均值，用 COUNT 函数返回记录数，用 SUM 函数返回计算总和，用 MAX、MIN 函数计算最大值和最小值等。

2. Select 查询语句

查询是 SQL 语言的核心，用于表达 SQL 查询的 select 语句则是功能最强也最为复杂的 SQL 语句，其主要功能是从数据库中检索数据，并将查询提供给用户。

在 article 数据表中，若要查询 author 字段为“张钰”的记录，则可使用如下语句进行查询。

```
Select * from article where author = "张钰"
```

查询结果如图 6-4 所示。

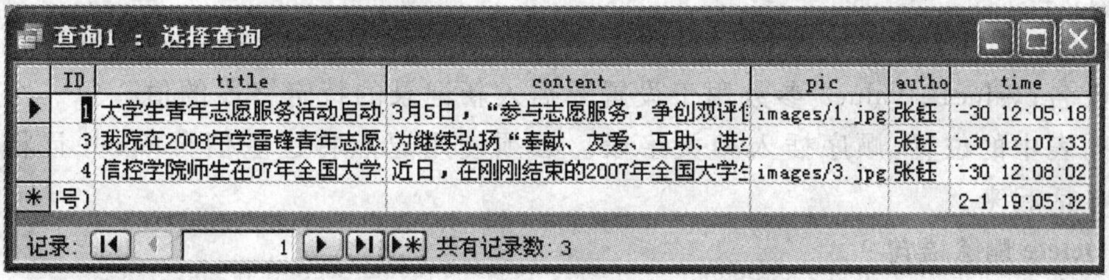

查询1 : 选择查询

	ID	title	content	pic	autho	time
▶	1	大学生青年志愿服务活动启动	3月5日，“参与志愿服务，争创双评	images/1.jpg	张钰	-30 12:05:18
	3	我院在2008年学雷锋青年志愿	为继续弘扬“奉献、友爱、互助、进		张钰	-30 12:07:33
	4	信控学院师生在07年全国大学	近日，在刚刚结束的2007年全国大学生	images/3.jpg	张钰	-30 12:08:02
*	号)					2-1 19:05:32

记录: 1 共有记录数: 3

图 6-4　select 查询语句的查询结果

Select 语句的功能是从数据库表中检索出满足条件表达式要求的项目。

语法格式为：

Select 项目 1，项目 2，…from 表名[where 条件表达式][order by 排序项目][asc or desc]

在使用子句时要注意以下几点：

① select 子句列出所有要求 select 语句检索的项目。它放在 select 语句开始处，这些项目通常用选择项表示，即每组用“，”隔开，按照从左到右的顺序，每个选择项产生一列查询结果。

② from 子句指出要查询数据的表，它由关键字 from 后跟一组用逗号分开的表名组成。每个表名都代表一个包括该查询要检索数据的表。这些表称为该 SQL 语句的表源，因为查询结果都源于它们。

③ where 子句告诉 SQL 只查询某些行中的数据，这些行用搜索条件表达式描述。

注意：在 where 子句中，如果数据表中某字段是字符类型，则输入的值应用单引号或双引号括起来。

例如,查询 author 字段为"张钰"的记录的查询语句为:

Select title,time from article where author = "张钰"

例如,查询 ID 字段值为 1 的记录的查询语句为:

Select ＊ from article where ID = 1

因为 ID 字段的数据类型不为字符型,因此,值 1 没有用引号括起来。下面要讲的 insert into、update、delete 语句中的情况也相同。

④ order by 子句将查询结果按一列或多列中的数据排序。如果省略此子句,则查询结果将是无序的。添加 asc 属性以升序(从小到大)排列,添加 desc 属性以降序(从大到小)排列。

3. Insert into 追加语句

insert into 语句用于向一个表添加一个记录。

语法结构为:

insert into target [(field1[, field2[, …]])] VALUES (value1[, value2[, …])

说明:

target 参数用于指定要追加记录的表或查询的名称。field1、field2 参数为要追加数据的字段名;value1、value2 参数用于设置要插入新记录的特定字段的值。每一个值将依照它在列表中的位置,顺序插入相关字段。必须使用逗点将这些值分隔,并且将文本字段用引号括起来。

4. Delete 删除语句

此语句用于删除表中特定条件的记录。

语法结构为:

Delete from 表名[where 条件表达式]

例如,删除 ID 号为 1 的记录的语句为:

Delete from article where ID = 1

5. Update 语句

Update 语句用于按一定的条件来更新指定的字段值。

语法结构为:

Update 表名 set 字段 1＝值 1,字段 2＝值 2,……[where 条件表达式]

例如,将 article 表中 author 字段为"王磊"的记录的 author 字段值改为"王星",语句为:

Update article set author = "王星" where author = "王磊"

语句执行后数据表数据如图 6-5 所示。

```
article：表                                              _  □  ×
   ID │      title      │        content        │   pic    │ author │  time
▶   1│大学生青年志愿服务活动启动│3月5日，"参与志愿服务，争创双评佳绩"│images/1.jpg│ 张钰  │-30 12:05:18
    2│我院举办"心系双评，崇尚文│3月21日，信息与控制工程学院举办的"心│images/2.jpg│ 韩殿  │-30 12:07:06
    3│我院在2008年学雷锋青年志愿│为继续弘扬"奉献、友爱、互助、进步"的│          │ 张钰  │-30 12:07:33
    4│信控学院师生在07年全国大学│近日，在刚刚结束的2007年全国大学生电│images/3.jpg│ 张钰  │-30 12:08:02
    5│信控学院团总支工作理念│座右铭：                      │          │ 韩殿  │-30 12:37:53
    6│关于2007-2008学年第2学期劳│各院系：                     │          │ 王星  │-30 12:38:24
    7│08级毕业设计资料│毕业论文相关资料                │          │ 王星  │-30 12:38:49
    8│利基节能研究院简介│1、成立利基节能研究院的目的意义      │          │ 韩殿  │-30 12:39:15
    9│关于进一步明确学院办学指导│自2004年12月1日以来，全院师生围绕如何│          │ 王星  │-30 12:40:13
   10│信控学院-电子信息工程本科专│本专业培养德、智、体、美全面发展，具备│          │ 韩殿  │-30 12:41:23
   11│实验室简介│信息与控制工程学院设有信息与控制实验│images/4.jpg│ 韩殿  │-30 12:42:19
   12│信息与控制实训中心│一、电工实习室                 │          │ 王星  │-30 12:42:50
   14│第27次全国计算机等级考试工│第27次全国计算机等级考试于2008年4月12│          │ 韩殿  │-30 12:48:16
   15│多媒体技术实验室│主要设备：多媒体微机、采编机、数码摄像│images/5.jpg│ 王星  │-30 12:48:28
   16│国家软科学研究计划备选项目│各院系部、各部门：             │          │ 王星  │-30 12:48:57
   17│我校"应用无机化学"重点学│本站讯  2008年5月14日，我校"应用无机│          │ 王星  │-30 12:52:00
   18│新《科技进步法》7月1日起正│修订后的《中华人民共和国科学技术进步法│          │ 王星  │-30 12:52:47
*
记录: │◄│◄│        1 │►│►│►*│ 共有记录数: 17
```

图 6 - 5　update 语句执行后的结果

6.2　初识 ADO 和动态网页制作

下面通过一个简单的例子了解 ADO 的相关知识。

6.2.1　制作简单的动态新闻网页

【例 6 - 1】 显示图 6 - 3 中最近上传的一条新闻信息。

文件名为 ex6_1.asp，代码如下：

```
1    < HTML >
2    < HEAD > < TITLE >输出数据库信息 < /TITLE > < /HEAD >
3    < BODY >
4    < %
5    set conn = Server.CreateObject("ADODB.Connection")
6    conn.Open "driver = {Microsoft Access Driver ( * .mdb)};dbq = " &Server.MapPath("news.
mdb")
7    set rs = Server.CreateObject("ADODB.recordset")
8    sql = "select * from article order by id desc"
9    rs.open sql,conn,1,1
10   % >
```

```
11        < BR >
12      标题:< % = rs.fields("title")% > < BR >
13      作者:< % = rs("author")% > < BR >
14      发布时间:< % = rs("time")% > < BR >
15      内容:< BR > < % = rs("content")% > < BR >
16    < %
17      rs.close
18      set rs = nothing
19      conn.close
20      set conn = nothing
21    % >
22    < /BODY >
23    < /HTML >
```

运行结果如图 6 - 6 所示。

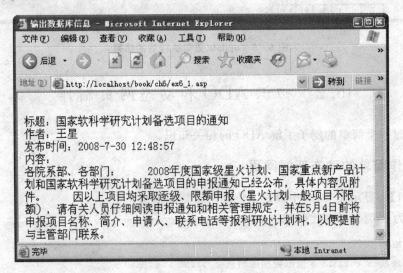

图 6 - 6   显示数据库信息

① ADO 显示或操作数据库时,是以记录集的形式进行的。记录集即特定记录的集合,它是符合条件的一条或多条记录。

② 显示数据库信息可分为 3 步:连接数据库、生成记录集、输出数据(记录集)。程序中第 5～6 行代码用于连接数据库;第 7～9 行用于生成记录集;第 12～15 行以记录集的形式输出

数据库信息。第 8 行中的 sql 变量语句决定了生成的记录集是最近发布的一条记录。

③ Connection 和 Recordset 是 ADO 的两个最常用对象，它们有各自的方法和属性。连接数据库是通过 Connection 对象实现的。生成记录集可以用 Connection、Recordset 或 Command 三个对象中的任何一个对象实现，本例中是用 Recordset 对象实现的，后面将分别讲解这 3 种方法。

④ 第 12 行中 rs. fields("title") 也可表示为 rs("title")，第 12～15 行中的 title、author、time 和 content 指的是数据表 article 中的字段名。

6.2.2　ADO 对象模型

要创建动态页面离不开数据库，因为数据库可以快速地提供大量的信息。而使用 ASP 技术制作的动态页面不仅可以访问 Access 数据库，还可以访问 SQL Server、excel 等其他类型的数据库，因此，需要一种能访问数据库的通用接口程序，它就是 ADO。

ADO 是英文 ActiveX Data Objects 的简称，中文含义为活动数据对象。ADO 是对当前微软所支持的数据库进行操作的最有效、最简单和最直接的方法，它是一种功能强大的数据访问编程模式。通过 ADO 可以将数据库与 Web 页面结合在一起，在客户端实现网上即时更新显示数据。ADO 由一系列对象组成，通过这些对象来完成对数据库的操作，以及访问存储在服务器端的数据库或其他表格化数据结构中的信息。

ADO 本身由多个对象组成，这些对象分别负责提供各种数据库操作行为，大致上可以分为连接、查询和修改。

连接对象（Connection）　　用来连接数据库。

记录集对象（Recordset）　　用来临时保存查询返回的结果。

命令对象（Command）　　用来执行 SOL 语句，如查询、更新或删除操作。

ADO 使用 Connection 对象建立与数据库的连接，而 Recordset、Command 和 Connection 对象都可用于数据库的显示和操作，包括插入、更新和删除。

6.2.3　连接数据库

要对数据库进行操作，就必须先与数据库进行连接，在 ASP 中，连接数据库可以有两种实现方式：一种是通过数据源进行连接；另外一种分别是通过字符串命令直接进行连接，而字符串连接又分为 ODBC 连接和 OLEDB 连接两种形式。下面以 Access 数据库为例说明 ADO 连接数据库的 3 种方法。

1. 数据源的连接方式

通过数据源方式连接数据库，首先应该建立数据源，其方法是在操作系统中通过依次打开"控制面板/管理工具/数据源（ODBC）/系统 DSN"选项创建数据源，如图 6-7 所示，并自己命名数据源名称。建立完数据源后，可以通过以下命令进行数据库连接。

```
< %
    Dim db
    Set db = Server.Createobject ("adodb.connection")
db.open    "数据源名"
% >
```

其中,数据源名即为图 6-7 中输入的数据源名称。

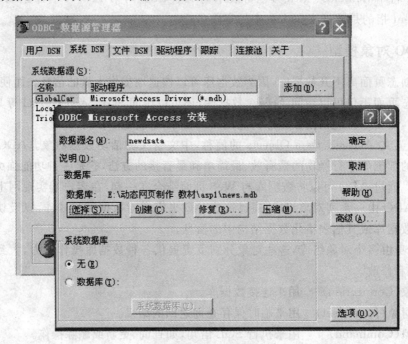

图 6-7　添加 ODBC 数据源

2. 字符串连接方式

通过数据源进行数据库连接虽然简单、易懂,但是需要在服务器端设置数据源,有时很不方便。除此之外,还可以直接用字符串命令进行连接,常用字符串连接有 ODBC 和 OLEDB 两种形式。

ODBC 字符串连接方法如下:

```
< %
dim db
Set db = Server.Createobject("ADODB.Connection")
db.open "driver = {microsoft Access Driver( * .mdb)};dbq = "& server.mappath("database.mdb")
% >
```

其中,db. Open 后面有两项参数,之间用分号相隔。第 1 项 driver=... 指出了数据库的类型,即驱动程序的类型;第 2 项 dbq=... 指出了数据库文件的路径。

OLEDB 字符串的连接方法如下:

```
< %
dim db
Set db = server.createobject("ADODB.Connection")
db.open "Provider = Microsoft.Jet.OLEDB.4.0;"&"Data Source = "&Server.MapPath("database")
% >
```

其他类型的数据库如 SQL Server、Oracle 等都可以用这 3 种方式连接,但每一种数据库的每种连接方法又有所不同,使用时,可以查询相关资料。

6.3 Connection 对象

Connection 对象又称连接对象,用来和数据库建立连接。只有先建立起与数据库的连接后,才能利用 Connection 对象或 Recordset 对象对数据库进行各种操作。因此,该对象是 ADO 模型中最基本的对象。

6.3.1 使用 Connetion 对象制作新闻列表网页

【例 6 - 2】 显示图 6 - 3 中 article 表的所有新闻的标题信息。

文件名为 ex6_2.asp,代码如下:

```
1    < %
2      set conn = Server.CreateObject("ADODB.Connection")
3      conn.Open("driver = {Microsoft Access Driver ( *.mdb)};dbq = " &Server.MapPath("news.
mdb"))
4      set rs = conn.execute("select * from article ")
5      do until rs.eof
6        response.write rs("id")&"  "&rs("title")&"< br >"
7        rs.movenext
8      loop
9      rs.close()
10     set rs = nothing
11     conn.close
12     set conn = nothing
13   % >
```

运行结果如图 6－8 所示。

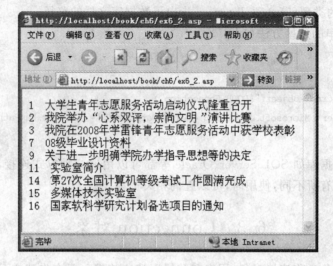

图 6－8　使用 Connection 显示文件列表

① 假设 Connection 对象的实例和 Recordset 对象的实例分别为 conn 和 rs，使用 Connection 对象显示或操作数据库的基本格式如下所示：

```
< %
第 1 步:连接数据库
Set conn = Server.CreateObject("ADODB.Connection")        '创建 connection 对象的实例名
conn.Open("driver = {Microsoft Access Driver ( * .mdb)};dbq = " &Server.MapPath("news.mdb"))     '
使用 connection 对象的 open 方法打开(连接)数据库
'第 2 步:生成记录集或操作数据库
'如果执行查询语句,则:
Set rs = conn.execute ("sql 查询语句")     '使用 connection 对象的 execute 方法执行查询语句,返回
一个 recordset 对象的实例 rs
'如果执行数据操纵语句
conn.execute ("sql 操纵语句")
'第 3 步:显示数据库 ,如果是操纵数据库,则不需要这一步
Response.write rs("字段名")
'第 4 步:关闭记录集和数据连接
rs.close()
Set rs = nothing
conn.close
```

```
Set conn = nothing
%>
```

② 注意区分"对象"和"实例"两个概念。Connection 和 Recordset 是两个对象,它们有其固定的方法和属性。而在使用这两个对象连接或操作数据库时,首先创建它们的实例,再用其实例使用其方法和属性完成对数据库的操作。方法和属性属于"对象",而不属于"实例",但由"实例"使用。

③ 程序第 2 行创建了 Connection 对象的实例 conn,第 3 行中,由实例 conn 使用 Connection 对象的 Open 方法连接数据库。第 4 行中,由连接实例 conn 使用 execute 方法执行了一个查询语句,返回一个 Recordset 对象的实例 rs,查询语句决定了生成的 rs 是包含所有新闻记录的集合。

④ 正确理解"记录集"和"记录指针"的概念,rs 代表一个集合,即满足特定条件的记录的集合,但它实质是一个指针,在某一时刻,它只能指向某一条记录。因此,显示一条记录后,再通过 movenext 方法使指针指向下一条记录。

⑤ Eof(end of fields)是 Recordect 对象的一个重要属性,当记录指针移向最后一条记录的下面时,它的值为 true。因此,可以通过 Eof 属性判断是否还有记录。相似的属性还有 Bof(Begin of Fields)。Eof 和 Bof 属性的含义见图 6－9 所示。

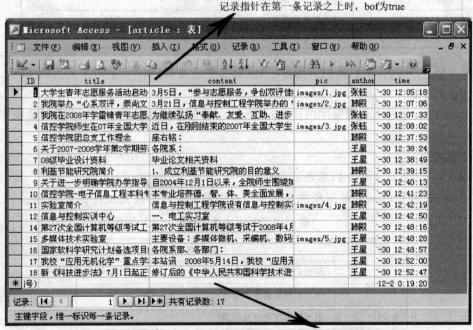

记录指针在最后一条记录的下面时, eof值为true,当生成记录集rs时, 如果记录指针指向某一条记录, 则eof和bof都为false,反之, 都为true,因此常通过bof或eof的值判断记录集是否为空。

图 6－9　记录集指针的 Eof 和 Bof 属性

6.3.2 Connection 对象的常用方法

Connection 对象提供了许多方法和属性,要使用这些方法和属性,首先必须对 Connection 对象进行实例化,即创建 Connection 对象的实例。

命令格式为:

< ％Set 对象实例名＝Server. CreateObject("ADODB. Connection")％ >

进行了对象实例化后,就可以调用该对象的方法和属性了。如例 6－2 第 3 行,调用了 Connection 对象的 Open 方法打开了数据库。

Connection 对象有许多方法,其中常用的方法如表 6－1 所列。

表 6－1　Connection 对象的常用方法

方　法	功能描述
Open	用于建立与数据库的连接
Close	用于关闭已经打开的数据库,即断开连接
Execute	执行 SQL 语言的数据库查询命令
Begintrans	开始进行异步处理
CommitTrans	提交事务处理结果
Cancel	用于取消异步操作中还未执行的 execute 和 open 操作
Rollbacktrans	取消事务处理结果

下面介绍 Conncetion 对象的常用方法,假设已经建立 Connection 对象的实例 conn。

1. Open 方法

Open 方法用于建立和数据库的连接,只有建立起与数据库的连接后,才能对数据库进行各种操作。

命令格式为:

conn. Open "参数 1＝值 1;参数 2＝值 2;……"

其中,conn 为 Connection 对象的实例名。双引号中参数的意义如表 6－2 所列。

表 6－2　Open 方法的参数

参　数	功能描述
Dsn	指出 ODBC 数据源的名称
Uid	指出数据库的登录账号
Pwd	指出数据库的登录密码

续表 6 - 2

参　数	功能描述
Driver	指出驱动程序的类型,即数据库的类型
Dbq	指出数据库的物理路径
Server	指出服务器的名称
Database	指出数据库的名称
Provider	指出数据的提供者

注意:使用 Connection 对象的 Open 方法连接数据库时,不同类型的数据库和不同的连接方式,使用的参数都不相同,如在例 6 - 2 中使用 ODBC 字符串连接方式打开 Access 数据库时,只使用了 Driver 和 Dbq 两个参数,而没有使用其他参数。

下面是连接 SQL Server 数据库的连接字符串,它使用了 driver、database、server、uid、pwd 四个参数。

```
< %
db. open "driver = {sql server};database = sqldb;server = winpc;uid = zhang;pwd = 123456"
% >
```

2. Close 方法

Close 方法用于断开一个数据库的连接。该方法只是断开与数据库的连接,并不清除 Connection 对象及相关资源。因此,如果执行了 Close 方法,还是可以继续通过 Open 方法打开数据库,而不用再重新创建 Connection 对象。若设置了 Set conn = nothing 则清除了 Connection 对象及资源;若要重新使用 Connection 对象中的方法,则须重新创建 Connectinn 对象实例。

关闭数据库连接的命令格式为:

conn. close

下列语句关闭了数据库的连接并清除 Connection 对象。

```
< %
conn. Close
Set conn = nothing
% >
```

3. Execute 方法

Execute 方法用于执行 SQL 查询语言中的各种数据库操纵命令。

如果是查询语句,则查询后返回记录集对象的实例。

命令格式为:

Set rs＝conn. Execute(Commandtext,［Recordaffected］,［Option］)

如果是操作语句,例如插入、更新或删除操作,其格式为:

conn. Execute(commandtext,［recordaffected］,［option］)

其中,参数 CommandText 的数据类型为 String,是包含所要执行的 SQL 命令、表名等特定的字符串;参数 RecordAffected 的数据类型为 long,返回命令执行后受影响的记录数;Option为可选参数,用来指示数据提供者应如何解析 CommandText 参数。

下面语句的功能是打开数据库 news,查询 article 表中的图片新闻(pic 字段不为空),生成记录集 rs。

```
< %
Set conn = Server.Createobject("ADODB. Connection")
Conn. Open "driver = {microsoft Access Driver( * .mdb)};dbq = "& Server. Mappath("news.mdb")
Sql = "select * from article where pic < >'"
Set rs = conn. Execute(sql)
% >
```

4. Cancel 方法

Cancel 方法用于取消异步操作中还未执行完成的 Execute 和 Open 操作。Cancel 方法对允许提交查询的应用程序非常有用,它提供了一个取消按钮,当查询等待时间太长时,用户可以通过该按钮取消查询。

命令格式为:

conn. Cancel

【例 6－3】 在例 6－2 中添加超链接,分别进行插入、修改或删除记录的操作。

① 插入一条新记录,title、content、author 字段内容分别为"使用 connection 对象插入记录测试"、"connection 对象测试"、"孔玉"。

② 修改新添加的记录,将 title 标题改为"connection 对象修改记录测试",将其内容改为"修改记录测试"。

③ 删除修改后的记录。

文件 ex6_3. asp 为添加链接后的新闻列表页面,其代码如下:

```
1   < %
2      set conn = Server. CreateObject("ADODB. Connection")
3      sql = "driver = {Microsoft Access Driver ( * .mdb)};dbq = " &Server. MapPath("news.mdb")
4      conn. Open sql
5      set rs = conn. Execute("select * from article")
6   % >
7   < TABLE width = "500" border = "1" >
```

```
8      < TR >
9        < TD > < % = rs("id").name % > < /TD >
10       < TD > < % = rs("title").name % > < /TD >
11     < /TR >
12   < % do until rs.eof % >
13     < TR >
14       < TD > < % = rs("id").value % > < /TD >
15       < TD > < % = rs("title") % > < /TD >
16     < /TR >
17   < %
18       rs.movenext
19     loop
20     rs.close
21     set rs = nothing
22     conn.close
23     set conn = nothing
24   % >
25     < TR >
26       < TD colspan = 2 align = "center" > < A href = "ex6_3_1.asp" > 插入新记录 < /A >  
   < A          href = "ex6_3_2.asp" > 修改新插入的记录 < /A > < A href = "ex6_3_3.
asp" > 删除修改后的记录 < /A > < /TD >
27     < /TR >
28   < /TABLE >
```

运行结果如图 6 - 10 所示。

单击"插入新记录",则执行 ex6_3_1.asp,在数据库中插入新记录,运行结果如图 6 - 11 所示。单击"修改新插入的记录"后,执行 ex6_3_2.asp,结果如图 6 - 12 所示。单击"删除修改后的记录"后,执行 ex6_3_3.asp,删除修改后的记录,结果又恢复如图 6 - 10 所示。

文件名为 ex6_3_1.asp,代码如下:

```
1   < %
2     set conn = Server.CreateObject("ADODB.Connection")
3     conn.Open("driver = {Microsoft Access Driver ( * .mdb)};dbq = " &Server.MapPath("news.
mdb"))
4     conn.Execute("Insert into article(title,content,author) values('使用 connection 对象插入
记录测试','connection 对象测试','孔玉')")
```

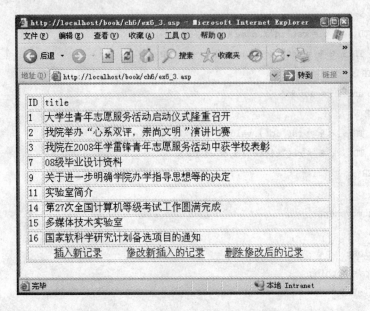

图 6－10　添加链接后的新闻列表页面

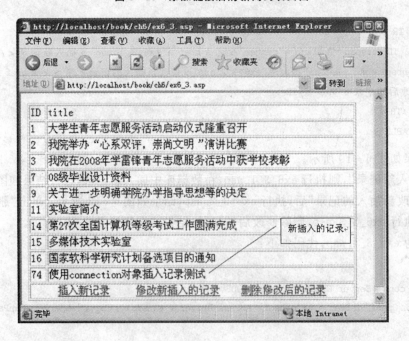

图 6－11　插入新记录后执行的结果

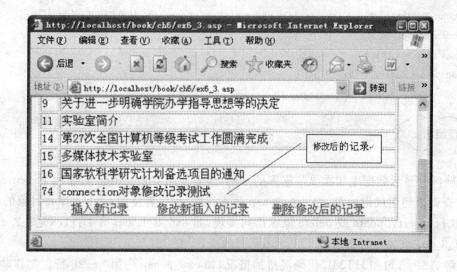

图 6－12　修改记录后执行的结果

```
5    conn. Close
6    set conn = nothing
7    Response. Redirect "ex6_3. asp"
8    % >
```

文件名为 ex6_3_2. asp, 代码如下：

```
1    < %
2    set conn = Server. CreateObject("ADODB. Connection")
3    conn. Open("driver = {Microsoft Access Driver ( * . mdb)};dbq = " &Server. MapPath("news.
mdb"))
4    conn. Execute("update article set title = 'connection 对象修改记录测试' where title = '使用
connection 对象插入记录测试'")
5    conn. Close
6    set conn = nothing
7    Response. redirect "ex6_3. asp"
8    % >
```

文件名为 ex6_3_3. asp, 代码如下：

```
1    < %
2    set conn = Server. CreateObject("ADODB. Connection")
3    conn. Open("driver = {Microsoft Access Driver ( * . mdb)};dbq = " &Server. MapPath("news.
mdb"))
```

```
4    conn.Execute("delete from article where title='connection 对象修改记录测试'")
5    conn.Close
6    set conn = nothing
7    Response.Redirect "ex6_3.asp"
8    %>
```

例题解析：

① 正确区分显示数据库和操纵数据库的不同，前者使用 Connection 对象的 Execute 方法执行 SQL 查询语句生成记录集，如 ex6_3.asp 第 4 行所示；后者使用 Connection 对象的 Execute 方法执行 insert、update 或 delete 操纵语句实现，如 ex6_3_1.asp 第 4 行，ex6_3_2.asp 第 4 行和 ex6_3_3.asp 第 4 行所示。

② 理解 ASP 语句和 HTML 代码混排的情况，如 ex6_3.asp 的第 6～28 行。制作动态网页有时需要用 Response.Write 语句输出 HTML 代码。

6.3.3　Connection 对象的常用属性

Connection 对象的属性常用来控制高层的数据处理，包括如何与数据源提供者相连接，以及事务如何执行等。常用的属性如表 6-3 所列。

表 6-3　Connection 对象的常用属性

属　性	功能描述
Attributes	设置 Connection 对象控制事务处理时的行为
Connectiontimeout	设置 Open 方法在连接数据库时的最长执行时间
Commandtimeout	设置 Execute 方法的最长执行时间
Connectionstring	设置或返回用于与数据源建立连接所用的信息
Cursorlocation	设置光标的类型
Defaultdatabase	指出 Connection 对象缺省时的数据库名称
Isolationlevel	设置或返回一个 Connection 对象的事务处理的隔离级别
Mode	指出 Connection 对象对数据库的操作权限
Provider	指出 Connection 对象的数据提供者的名称
State	返回所有可用对象的当前状态，是关闭还是打开
Version	返回 ADO 的版本号

下面对表中常用的几个 Connection 对象的属性进行介绍。

1. Attributes 属性

该属性通过两个常数确定当前事务失败或成功后是否自动开始一次新的事务。如果设为 131072 或 ADO 常量 adXactcommitretaining，则调用 CommitTrans 方法时自动启动一次新的事务；如果设为 262144 或 ADO 常量 adXactAbortRetaining，则调用 RollbackTrans 方法后，自动开始一次新的事务。如果要达到两种效果，则该属性应设为两者的和。

2. CommandTimeout 属性

该属性用来设置 Connection 对象的 Execute 方法的最长执行时间。其默认值为 30 秒。

如果超过时间未完成命令，则终止命令并产生一个错误。命令无法在指定时间内执行完成，可能是因为网络延时或服务器负载过重而无法及时响应造成的。如果将该属性设为 0，则无限期地等待直到执行完成。例如下面语句将把 CommandTimeout 的最长时间设置为 60 秒。

```
< % conn. commandtimeout = 60 % >
```

3. ConnectionString 属性

该属性指定数据提供者或服务提供者打开到数据源的连接所需要的特定信息。除了可以使用 Connection 对象的 Open 方法来打开数据库外，还可以使用 Connection 对象的 connectionstring 属性来打开数据库，如下例所示：

```
< %
Dim con
Set conn = server. createobject("ADODB. connection")
conn. Openconnectionstring = "driver = {microsoft Access Driver( * .mdb)};dbq = "& server. mappath
("database.mdb")
conn. Open
% >
```

4. ConnectionTimeout 属性

确定 ADO 试图与一个数据源建立连接的最大连接时间，默认值是 15 秒。如果超过时间未完成连接，则终止连接并产生一个错误。如果将该属性设为 0，则一直等待直到连接成功为止。例如下面语句将把 ConnectionTimeout 的默认值设置为 30 秒。

```
< % conn. ConnectionTimeout = 30 % >
```

5. Mode 属性

该属性用来设置连接数据库的权限，利用该属性就可以在打开数据库时限制数据库的连接方式，如只读或只写。如果不进行设置，可具有对数据库进行读、写操作的权限，Mode 属性的取值及其相关说明如表 6 - 4 所列。

表 6 - 4 Mode 属性的值和含义

Mode 参数	值	功能描述
Admodeunknown	0	未定义
Admoderead	1	权限为只读
Admodewrite	2	权限为只写
Admodereadwrite	3	权限为读写
Admodesharedenyread	4	阻止其他的 connection 对象以读权限来开启连接
Admodesharedenywrite	8	阻止其他的 connection 对象以写权限来开启连接
Admodeshareexclusive	12	阻止其他的 connection 对象以读写权限来开启连接
Admodesharedenynone	16	阻止其他的 connection 对象以任何权限来开启连接

例如下面的语句设置以只读方式打开数据库。

```
<%
Dim conn
Set conn = Server.CreateObject("ADODB.connection")
Conn.mode = 1
Conn.Open "driver = {microsoft Access Driver( * .mdb)};dbq = "& server.mappath("database.mdb")
%>
```

6. State 属性

State 属性用于返回所有可用对象的当前状态,以表明对象是关闭还是打开的。

命令格式为:

Variable=conn.State

当 variable 的值为 Adstateopen 时,表明当前对象已经打开了;当 variable 的值为 adstate-closed 时,表明当前对象已经关闭。

7. Version 属性

Version 属性用于返回 ADO 的版本号。

命令格式为:

Ver=conn.Version

6.3.4 扩展实例训练——使用 Connetion 对象制作详细新闻网页

【例 6 - 4】 为例 6 - 2 中的每一条新闻加上超级链接,单击某一条新闻标题时,显示该新闻的详细信息。

文件 ex6_4.asp 与 ex6_3.asp 相似,只是第 14 行代码换为:

```
< TD > < A href = ex6_4_1.asp? ID = < % = rs("ID") % > > < % = rs("title") % > </A > </TD >
```

文件 ex6_4_1.asp 是显示新闻的详细内容的页面,代码如下:

```
1    < %
2    id1 = Request.QueryString("ID")
3    set conn = Server.CreateObject("ADODB.Connection")
4    conn.Open("driver = {Microsoft Access Driver ( * .mdb)};dbq = " &Server.MapPath("news.
mdb"))
5    set rs = conn.execute("select * from article where ID = "&id1)
6    % >
7    < TABLE width = "500" border = "1" >
8    < TR > < TD align = "center" > < % = rs("title") % > </TD > </TR >
9    < TR > < TD align = "center" > 作者:< % = rs("author") % > 发布时间:< % = rs("time") % >
</TD > </TR >
10   < TR > < TD > < % = rs("content") % > </TD > </TR >
11   < %
12   rs.close()
13   set rs = nothing
14   conn.close
15   set conn = nothing
16   % >
17   </TABLE >
```

运行结果如图 6-13 和图 6-14 所示。

 例题解析:

① 理解动态网页中参数的传递。ex6_4.asp 显示的是通过选择确定的新闻,因此,从 ex6_4.asp 到 ex6_4_2.asp 须传递一个参数,这个参数能确定选择了哪一条新闻,这个参数一般是该条新闻记录对应的主建字段值。

② 记录集使用完后,应及时关闭并关闭数据库连接,以释放内存。语句如下:

```
< %
Rs.close
Set rs = nothing
Conn.close
Set conn = nothing
% >
```

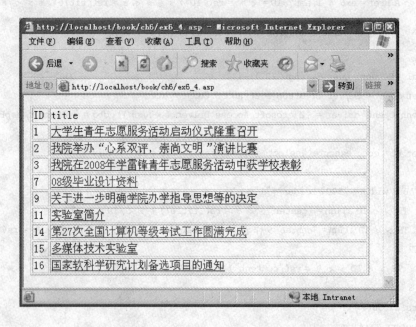

图 6-13　添加了链接的新闻列表页面

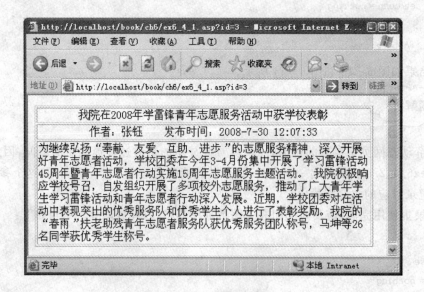

图 6-14　详细新闻页面

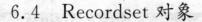

6.4　Recordset 对象

Recordset 对象又称为记录集对象,是 ADO 的一个相当重要的对象,也是最为复杂的一个对象。前面讲过,当用 Connection 对象执行查询命令后,就会返回一个记录集对象,该记录集包含了所有满足条件的记录。另外,还可以用 Command 对象或 Recordset 对象自身的方法生成记录集。记录集是存储在内存中的一张虚拟表,可以通过命令将这张表上的数据显示在页面上。

6.4.1　使用 Recordset 对象制作图片新闻列表网页

【例 6 - 5】　显示图 6 - 3 中 article 数据表中图片新闻的标题和图片。

文件名为 ex6_5.asp,代码如下:

```
1   < %
2       set conn = Server.CreateObject("ADODB.Connection")
3       conn.Open("driver = {Microsoft Access Driver ( * .mdb)};dbq = " &Server.MapPath("news.
mdb"))
4       set rs = server.createobject("ADODB.recordset")
5       Sql = "select * from article where pic < >""
6       Rs.open sql,conn,1,1
7   % >
8   < TABLE width = "443" border = "1" >
9   < % do until rs.eof % >
10      < TR >
11          < TD width = "18" > < % = rs("ID") % > < /TD > < br >
12          < TD width = "86" > < img src = " < % = rs("pic") % > " width = "80" height = "60" > < /TD >
13          < TD width = "317" > < % = rs("title") % > < /TD >
14      < /TR >
15  < %
16      rs.movenext
17      loop
18      rs.close
19      set rs = nothing
20      conn.close
21      set conn = nothing
22  % >
23  < /TABLE >
```

运行的结果如图 6-15 所示。

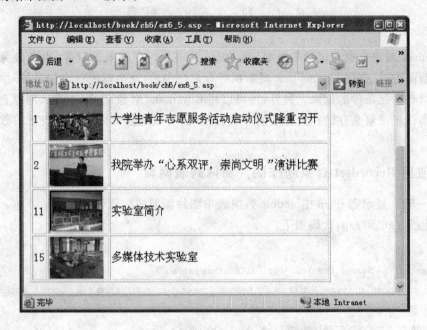

图 6-15 使用 Recordset 对象显示标题新闻

 例题解析：

① 同例 6-2 中使用 Connection 对象显示数据库一样,使用 Recordset 对象显示数据库信息分 3 步,两者不同之处在于第 2 步生成记录集的方法不同,在本例中第 4~6 行是生成记录集的语句,如下所示:

```
Set rs = Server.CreateObject("ADODB.recordset")    '创建记录集实例
sql = "select * from article where pic < >"         '确定 sql 语句,以确定记录集由哪些记录组成
Rs.open sql,1,1                                      '生成记录集
```

注意:如果 sql 语句本身在引号内,而语句中个别字符再使用引号,则必须使用单引号。pic < > "表示 pic 字段为空。

② 第 12 行为显示图像的代码,src 属性后的图像路径和名称由记录集生成,因此可以动态地显示数据库存储的信息。

③ 此例中数据库存储的只是图片文件的名称,要正确显示图像,必须将图片复制到相应的文件夹中。

6.4.2　Recordset 对象的常用方法

Recordset 对象的常用方法如表 6－5 所列。

表 6－5　Recordset 对象的常用方法

方　法	功能描述	方　法	功能描述
Open	打开记录集	Close	关闭记录集
Move	当前记录前后移动条数	Movefirst	移动到第一条记录
Movenext	移动到下一条记录	Moveprevious	移动到记录集上的上一条记录
Movelast	移动到记录集上的最后一条记录		

下面对 Recordset 的方法逐一进行介绍。假定已经建立 Recordset 对象的实例 rs。

1. Open 方法

创建 Recordset 对象的实例后,由 Recordset 对象的 Open 方法生成记录集。

命令格式为:

Set rs＝Server. CreateObject("ADODB. Connection")　　　　　'创建记录集的实例

rs. Open [source],[activeconnection],[cursortype],[locktype]　'生成记录集

其中 source 为 SQL 语句,它确定了生成的记录集由哪些特定的记录组成;activeconnectiopn 为数据库连接对象,它在连接连接库时确定;cursortype 为游标类型,代表不同的数据获取方法,它有 4 种形式,如表 6－6 所列,使用不同的游标类型会对记录集产生不同的影响;locktype 为锁定类型,是针对数据为操作中并发事件的发生而提出的系统安全控制方式,它也有 4 种类型。锁定类型不仅影响 Recordset 对象的并发事件的控制处理方式,而且决定了记录集是否能更新以及记录集的更新是否能批量地进行。

游标类型(cursortype)可以在 Open 方法中设定,也可在调用 Open 方法前用 cursortype 属性来设置。游标类型如表 6－6 所列。

表 6－6　游标类型表

类　型	常量名	值	说　明
前滚	Adopenforeardonly	0	当前数据记录指针只能向下移动
键集	Adopenkeyset	1	可读写,记录指针可自由移动(当增加新数据时,其他用户不可以立即显示)
动态	Adopendynamic	2	可读写,记录指针可自由移动(与 2 相比,可以立即显示)
静态	Adopenstatic	3	只读,记录指针可自由移动

用户可根据需求,指定游标类型的任何一种,若省略,则取其默认值 adopenforwardonly,

这是功能最少的记录集,耗费的资源也最少。游标类型将会直接影响到 Recordset 对象所有的属性和方法,当显示一个表时,不同的游标类型将会影响到这个表的属性和方法,如表 6-7 所列。

表 6-7 游标类型对 Recordset 属性的影响

Recordset 属性	Adopenforwardonly	Adopenkeyset	Adopendynamic	Adopenstatic
Absolutepage	不支持	不支持	可读写	可读写
Absoluteposition	不支持	不支持	可读写	可读写
Bof	只读	只读	只读	只读
Cursortype	可读写	可读写	可读写	可读写
Eof	只读	只读	只读	只读
Filter	可读写	可读写	可读写	可读写
Locktype	可读写	可读写	可读写	可读写
Pagecount	不支持	不支持	只读	只读
Pagesize	可读写	可读写	可读写	可读写

打开记录集时,可以在 Open 方法中指定锁定类型(locktype),或者在调用 Open 方法前用 locktype 属性来设置锁定类型。锁定类型的取值与相关说明如表 6-8 所列。

表 6-8 锁定类型表

类　型	常量名	值	说　明
只读	Adlockreadonly	1	只读,不许修改记录集(默认值),修改时锁定,修改完毕释放
保守式	Adlockpessimistic	2	悲观锁定,只能同时被一个客户修改
开放式	Adlockoptimistic	3	乐观锁定,可以同时被多个客户修改
开放式批处理	Adlockbatchoptimistic	4	批次乐观锁定,数据可以修改,但不锁定其他客户

锁定类型的设定会影响数据的修改程序,若没有指定锁定类型,则会返回一个默认只读的记录集对象,其中的数据将无法被修改。

注意:当使用完记录集后,必须将记录集和数据库连接关闭;否则,记录集对象和连接对象仍占用内存,系统资源很快就会耗费完。

2. Close 方法

Close 方法用于关闭当前的 Recordset 对象。

命令格式为:

Rs. close

3. AddNew 方法

AddNew 方法用于向数据库添加新的记录。

命令格式为：

Rs. AddNew[fields],[values]

其中，参数 fields 为可选参数，用于定义新记录中单个字段、一组字段名称或序列位置；参数 values 为可选参数，定义 Fields 参数中相应字段的值。

4. Update 方法

Update 方法用于更新数据库中的数据。

命令格式为：

Rs. Updates[fields],[values]

其中，参数 fields 为可选参数，用于定义新记录中单个字段、一组字段名称或序列位置；参数 values 为可选参数，定义 fields 参数中相应字段的值。

该方法在修改记录的同时保存对记录所做的修改，因此，在用 AddNew、Delete 方法添加或删除记录后，也可以用该方法进行保存。

5. Move 方法

Move 方法用于移动记录集中当前的记录指针，移到指定的记录上。

命令格式为：

Rs. Move(number,[start])

其中，参数 number 表示要移动的记录数量，当 number 值为正时，表示记录指针向记录集尾部移动；当 number 值为负时，表示记录指针向记录集头部移动。参数 start 表示指针移动的开始位置，可以是以下 3 个值之一。

adBookmarkCurrent　　默认值，从当前记录开始移动。

adBookmarkfirst　　　从第一条记录开始。

adBookmarkLast　　　从最后一条记录开始。

6. Delete 方法

Delete 方法用于删除当前记录指针所指的记录。在调用该方法删除记录后，一般都要再调用 Update 方法对数据库进行更新，这样才能将该记录真正从数据库中删除。

命令格式为：

Rs. Delete

注意：由于记录集的方法受到游标类型的影响，因此，在使用方法时，应考虑到在生成记录集时使用的游标类型。

例如，当使用 adopenforwardonly 的游标类型生成记录集时，则使用 movelast 方法就会出错，因为 adopenforwardonly 不支持 movelast 方法。

6.4.3　Recordset 对象的常用属性

Recordset 对象的属性及其说明如表 6-9 所列。

表 6-9　Recordset 对象的属性及其说明

属　性	说　明
ActiveConnetion	提示当前活动的 Connection 对象
AbsolutePage	设置当前记录位置的绝对页号
AbsolutePosition	当前记录所在的绝对位置
Bof	记录位置是否在首行之前
CursorType	指出光标类型
Eof	指出当前光标是否位于最后一个记录之后
LockType	锁定类型?
MaxRecords	该记录集对象最大的记录数目
PageCount	当前记录总页数
PageSize	当前记录集一页的记录数
RecordCount	当前总记录数
Sort	一个 Recordset 对象的数据源
State	对象当前所处状态
Status	最近动作的状态

下面对 ReCordset 对象一些常用的属性分别进行介绍。假定已经建立一个 Recordset 对象,对象名为 rs。

1. ActiveConnection 属性

ActiveConnection 属性用于设置或返回 Recordset 对象所属的 Connection 对象,即指出对象是由哪一个 Connection 对象建立的。

命令格式为:

rs. ActiveConnection＝variant

其中,variant 的值可以是 Connection 对象名或包含数据库连接信息的字符串。

2. AbsolutePage 属性

AbsolutePage 属性用于设置或返回当前记录所在的绝对页号,即当前记录指针所在的页。

命令格式为:

rs. AbsolutePage＝num

其中,num 为一个小于总数据页的有效页码。

3. AbsolutePosition 属性

AbsolutePosition 属性用于设置或返回当前记录指针所在的记录行的绝对值,即当前记录在记录集中的序号位置。

命令格式为:

rs. AbsolutePosition＝num

其中,num 可以是一个有效的记录序号。AbsolutePosition 属性需要数据提供者支持才能使用,在记录集中,第 1 条记录对应 AbsolutePosition＝1,最后 1 条记录对应 AbsolutePosition＝RecordCount。

4. Bof 属性

Bof 属性用于判断当前记录指针是否在记录集的开头,该属性的值为 True 或者 False。当值为 True 时,表示记录指针指向首记录之前,否则值为 False。

命令格式为:

rs. Bof

5. Eof 属性

Eof 属性用于判断当前记录指针是否在记录集的末尾,同样有两个值 True 或者 False。当值为 True 时,表示记录指针指向最后一条记录的后面,否则值为 False。

命令格式为:

rs. Eof

注意:当前记录集为空时,rs. Bof 和 rs. Eof 都为真,因此通常用 Bof 和 Eof 属性的值来判断记录集 rs 是否为空。

6. CursorType 属性

CursorType 属性用来设置或返回 Recordset 对象所使用的记录指针的类型。默认值为 0,即记录指针只能向前移动,不能向后移动。

命令格式为:

rs. CursorType＝integer

其中,interger 为一整型变量,其取值及含义参见表 6 - 6。

7. Locktype 属性

Locktype 属性用于设置在编辑过程中对记录集的锁定类型。

命令格式为:

rs.Locktype = integer

其中,integer 为一整型数值,取值范围参见表 6 - 8。

8. MaxRecords 属性

MaxRecords 属性用来设置或返回在查询操作中返回的 Recordset 对象中可以包含的记

录的最大数目,默认值为 0。

命令格式为:

rs. MaxRecords＝integer

其中,integer 的值为不小于 0 的整型数值。

9. PapeCount 属性

PageCount 属性指出了 Recordset 对象记录集所包含的数据页的总数,它返回一个长整型数值。

命令格式为:

Long＝rs. pagecount

如果 Recordset 对象不支持该属性时,Long 的值为－1,表示 PapeCount 无法确定。

10. Papesize 属性

Pagesize 属性用来设置或返回记录集中每一页所包含的记录数量,即数据分页显示时每一页的记录数。默认值为 10。

命令格式为:

Papesize＝integer

11. RecordCount 属性

RecordCount 属性是只读属性,用于返回记录集中的记录总数。

命令格式为:

Long＝rs. recordcount

其中,Long 为一长整型值。当 ADO 无法确定记录数时,该属性值为－1。若 Recordset 对象已经关闭,读该属性则会产生错误。

12. Source 属性

Source 属性用于设置数据库的查询信息。

命令格式为:

Rs. Source＝string

其中,string 可以是 Command 对象名、SQL 语句、存储过程名或表名。

13. State 属性

State 属性是只读属性,用来表示当前的记录集处于打开还是关闭状态。

命令格式为:

Num＝rs. State

【例 6 - 6】 用 Recordset 对象实现例 6 - 3 的效果,并在显示新闻列表时,实现分页功能。

文件名为 ex6_6.asp,代码如下:

```
1   < %
2       set conn = Server.CreateObject("ADODB.Connection")
```

```
 3    conn.Open("driver = {Microsoft Access Driver ( * .mdb)};dbq = " &Server.MapPath("news.
mdb"))
 4    set rs = Server.CreateObject("ADODB.recordset")
 5    sql = "select * from article order by id desc"
 6    Rs.open sql,conn,1,1
 7    rs.PageSize = 3
 8    If Request("page") < > "" Then
 9      iPage = Cint(Request("page"))
10       If iPage < 1 Then     iPage = 1    '页码小于1,则显示第一页
11       If iPage > rs.PageCount Then iPage = rs.PageCount    '当大于总页数的时候,显示最后一页
12     Else
13       iPage = 1    '第一次显示没有页码,默认显示第一页
14    End If
15    rs.AbsolutePage = iPage
16    % >
17    < TABLE width = "500" border = "1" >
18      < TR >
19        < TD > < % = rs("id").name % > < /TD > < TD > < % = rs("title").name % > < /TD >
20      < /TR >
21    < %
22      For I = 0 To rs.PageSize - 1
23      If rs.eof or rs.bof Then Exit For
24    % >
25      < TR >
26        < TD > < % = rs("id") % > < /TD >
27        < TD > < % = rs("title") % > < /TD >
28      < /TR >
29    < %
30      rs.MoveNext
31      Next
32    % >
33      < TR >
34        < TD colspan = 2 align = "center" > < A href = "ex6_6_1.asp" > 插入新记录 < /A >  
   < A href = "ex6_6_2.asp" > 修改新插入的记录 < /A >     < A href = "ex6_6_
3.asp" > 删除修改后的记录 < /A > < /TD >
35      < /TR >
36    < /TABLE >
37    < BR >
38    < %'当前是第一页的时候,不显示"第一页"
39      If iPage < > 1 Then    % >
```

```
40     < A HREF = "ex6_6.asp? page = 1" >第一页< /A >
41        < A HREF = "ex6_6.asp? page = < % = iPage - 1 % >" >上一页< /A >
42    < % End If
43     '当前是最后一页的时候,不显示"最后页"
44     IF iPage < > rs.PageCount Then      % >
45        < A HREF = "ex6_6.asp? page = < % = iPage + 1 % >" >下一页< /A >
46        < A HREF = "ex6_6.asp? page = < % = rs. pageCount % >" >最后页< /A >
47    < %
48     End If
49     Response. Write("当前第" & iPage &"/"& rs. PageCount&"页")
50     rs. Close
51     set rs = nothing
52     conn. Close
53     set conn = nothing
54    % >
```

运行结果如图 6-16 所示。插入新记录和修改记录后,运行结果如图 6-17、图 6-18 所示。删除修改后的记录,结果与图 6-10 相同。

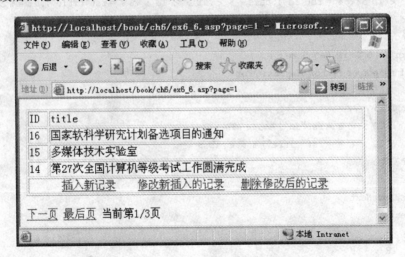

图 6-16　添加分页后的页面

文件 ex6_6_1. asp 是插入记录的页面,代码如下:

```
1     < %
2     set conn = Server. CreateObject("ADODB. Connection")
3     conn. Open("driver = {Microsoft Access Driver ( * . mdb)};dbq = " &Server. MapPath("news.
mdb"))
```

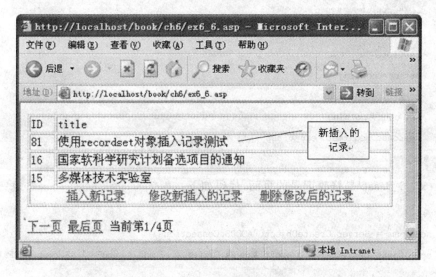

图 6 - 17　插入新记录后执行的结果

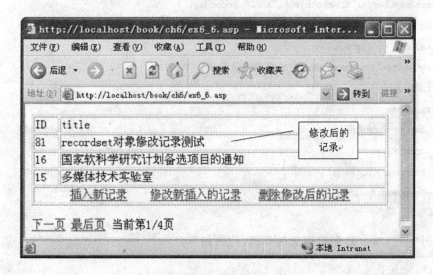

图 6 - 18　修改记录后执行的结果

```
4    set rs = Server.CreateObject("ADODB.recordset")
5    sql = "select * from article"
6    rs.Open sql,conn,1,3
7    rs.AddNew
8    rs("title") = "使用 recordset 对象插入记录测试"
9    rs("content") = "recordset 对象测试"
```

```
10    rs("author") = "孔玉"
11    rs.Update
12    rs.Close
13    set rs = nothing
14    conn.Close
15    set conn = nothing
16    Response.Redirect "ex6_6.asp"
17    % >
```

文件 ex6_6_2.asp 是修改记录的页面,代码如下:

```
1    < %
2    set conn = Server.CreateObject("ADODB.Connection")
3    conn.Open("driver = {Microsoft Access Driver ( * . mdb)};dbq = " &Server.MapPath("news.
mdb"))
4    set rs = Server.Createobject("ADODB.recordset")
5    sql = "select * from article where title ='使用 recordset 对象插入记录测试'"
6    rs.Open sql,conn,1,3
7    rs("title") = "recordset 对象修改记录测试"
8    rs.Update
9    rs.Close
10    set rs = nothing
11    conn.Close
12    set conn = nothing
13    Response.Redirect "ex6_6.asp"
14    % >
```

文件 ex6_6_3.asp 是删除记录的页面,代码如下:

```
1    < %
2    set conn = Server.CreateObject("ADODB.Connection")
3    conn.Open("driver = {Microsoft Access Driver ( * . mdb)};dbq = " &Server.MapPath("news.
mdb"))
4    set rs = Server.Createobject("ADODB.recordset")
5    sql = "select * from article where title ='recordset 对象修改记录测试'"
6    rs.Open sql,conn,1,3
7    rs.Delete
```

```
8      rs.Update
9      rs.Close
10      set rs = nothing
11      conn.Close
12      set conn = nothing
13      Response.Redirect "ex6_6.asp"
14      % >
```

 例题解析：

① 假设 Connection 对象实例和 Recordset 对象实例分别为 conn 和 rs，则使用 Recordset 对象查询和操纵数据库的基本格式如下：

```
'第1步：连接数据库(同 connection 方法)
Set conn = Server.CreateObject("ADODB.Connection")
conn.Open("driver = {Microsoft Access Driver ( * .mdb)};dbq = " &Server.MapPath("news.mdb"))
'第2步：生成记录集或操纵数据库
set rs = Server.CreateObject("ADODB.recordset")
sql = "select 查询语句"
Rs.Open sql,conn,游标类型,锁定类型      '查询数据库和操纵数据库锁定类型不同
'第3步：显示或操纵数据库
'如果显示数据库信息，则：
< % = rs("字段名")% >
'如果执行插入语句，则：
rs.AddNew
rs("字段名") = 字符串
Rs.Update
'如果是执行更新语句，则：
rs("字段名") = 字符串
rs.Update
'如是查执行删除语句，则
rs.Delete
'第4步：关闭记录集和数据连接
Rs.Close
Set rs = nothing
conn.Close
Set conn = nothing
```

② 生成记录集的语句"rs. open sql,conn,游标类型,锁定类型"会因对数据库不同的操作目的选择不同的游标类型和锁定类型参数,具体参见表 6 - 7 和 6 - 8 所列。一般地,如果是查询数据库,则游标类型和锁定类型可都选择 1,如果是操纵数据库,则游标类型可选择 1,锁定类型可选择 3。

③ 使用 Connection、Recordset 或 Command 对象都可实现对数据库的显示或操纵,但使用 Recordset 对象是最常用,也是最重要的一种方法。后面将对 Command 方法进行讲解。

6.4.4 扩展实例训练——使用 Recordset 对象制作详细新闻网页

【例 6 - 7】 显示 article 表中图片新闻的标题和图片,单击标题或图片,则打开详细页面,在详细页面中,显示图片和新闻详细内容。

文件 ex6_7. asp 是图片新闻列表页面,代码如下:

```
1    < %
2    set conn = Server. CreateObject("ADODB. Connection")
3    conn. Open("driver = {Microsoft Access Driver ( * .mdb)};UID = ;PWD = ;dbq = " &Server. MapPath
("news. mdb"))
4    set rs = Server. CreateObject("ADODB. recordset")
5    sql = "select * from article where pic < >" order by id desc"
6    rs. open sql,conn,1,1
7    rs. PageSize = 3
8    If Request("page") < > "" Then
9      iPage = Cint(Request("page"))
10     If iPage < 1 Then    iPage = 1 '页码小于 1,则显示第一页
11     If iPage > rs. PageCount Then iPage = rs. PageCount '当大于总页数的时候,显示最后一页
12   Else
13     iPage = 1   '第一次显示没有页码,默认显示第一页
14   End If
15   rs. AbsolutePage = iPage
16   % >
17   < TABLE width = "500" border = "1" >
18    < TR >
19      < TD > < % = rs("ID"). name % > < /TD >
20      < TD width = "80" > < % = rs("pic"). name % > < /TD >
21      < TD > < % = rs("title"). name % > < /TD >
22    < /TR >
23   < %
24   For I = 0 To rs. PageSize - 1
```

```
25    If rs.eof or rs.bof Then Exit For
26   % >
27    < TR >
28      < TD > < % = rs("ID") % > </TD >
29      < TD > < A href = ex6_7_1.asp? ID = < % = rs("ID") % > > < IMG src = " < % = rs("
pic") % > " width = "80" height = "60" > </A > </TD >
30      < TD > < A href = ex6_7_1.asp? id = < % = rs("ID") % > > < % = rs("title") % > </A >
</TD >
31    </TR >
32    < %
33  rs.MoveNext
34  Next
35   % >
36  </table >
37  < BR >
38  < %'当前是第一页的时候,不显示"第一页"
39    If iPage < > 1 Then       % >
40      < A HREF = "ex6_7.asp? page = 1" > 第一页 </A >
41      < A HREF = "ex6_7.asp? page = < % = iPage - 1 % > " > 上一页 </A >
42  < % End If
43    '当前是最后一页的时候,不显示"最后页"
44    IF iPage < > rs.PageCount Then     % >
45      < A HREF = "ex6_7.asp? page = < % = iPage + 1 % > " > 下一页 </A >
46      < A HREF = "ex6_7.asp? page = < % = rs.pageCount % > " > 最后页 </A >
47  < %
48    End If
49    Response.Write("当前第" & iPage &"/"& rs.PageCount&"页")
50    rs.Close
51    set rs = nothing
52    conn.Close
53    set conn = nothing
54   % >
```

文件 ex6_7_1.asp 是图片新闻详细内容页面,代码如下:

```
1    < %
2    id1 = Request.QueryString("ID")
3    set conn = Server.CreateObject("ADODB.Connection")
```

```
4    conn. Open("driver = {Microsoft Access Driver ( * .mdb)};UID = ;PWD = ;dbq = " &Server. MapPath
("news.mdb"))
5    set rs = server. createobject("ADODB. recordset")
6    sql = "select * from article where id = "&id1
7    rs. open sql,conn,1,1
8    % >
9    < TABLE width = "500" border = "1" >
10   < TR >  < TD align = "center" >  < % = rs("title") % >  < /TD >  < /TR >
11   < TR >   < TD align = "center" > 作者:< % = rs("author") % >      发布时间:< % = rs("
time") % >  < /TD >  < /TR >
12   < TR >  < TD >  < img src = " < % = rs("pic") % > " width = "200" height = "160" >  < /TD >
< /TR >
13   < TR >  < TD >  < % = rs("content") % >  < /TD >  < /TR >
14   < %
15   rs. Close
16   set rs = nothing
17   conn. Close
18   set conn = nothing
19   % >
20   < /TABLE >
```

运行结果如图 6 - 19 所示。单击某条新闻后,显示结果如图 6 - 20 所示。

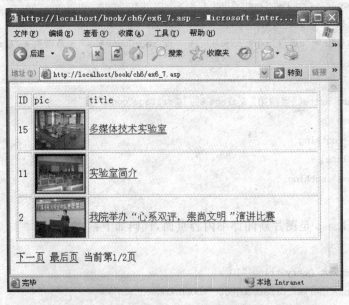

图 6 - 19   图片新闻列表页面

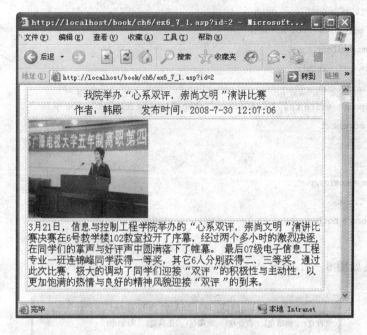

http://localhost/book/ch6/ex6_7_1.asp?id=2 - Microsoft...

图 6 - 20 图片新闻详细页面

请读者自己比较使用本例与例 6 - 3 实现方法的不同。

6.5 Command 对象

Command 对象又称命令对象,是介于 Connection 和 Recordset 对象之间的一个对象,也是对数据库执行命令的对象。它可以执行对数据库的查询、添加、删除、修改记录等操作。Command 对象通过传递 SQL 命令,来控制对数据库发出的请求信息。控制 Command 对象将会为程序员节省开发时间并增强处理能力。

6.5.1 使用 Command 对象制作新闻列表网页

【例 6 - 8】 用 Command 对象实现例 6 - 2 的效果。

文件名为 ex6_8.asp,代码如下:

```
1   < %
2       set conn = Server.CreateObject("ADODB.Connection")
3       conn.Open("driver = {Microsoft Access Driver ( * .mdb)};UID = ;PWD = ;dbq = " &Server.MapPath
("news.mdb"))
4       set cmd = Server.CreateObject("ADODB.Command")
```

```
5      cmd. ActiveConnection = conn
6      sql = "select * from article"
7      cmd. CommandText = sql
8      set rs = cmd. execute
9      Do until rs. eof
10        Response. write rs("ID")&"  "&rs("title")&" < br >"
11        rs. movenext
12     Loop
13     rs. Close
14     set rs = nothing
15     conn. Close
16     set conn = nothing
17    % >
```

运行的结果如图 6 - 21 所示。

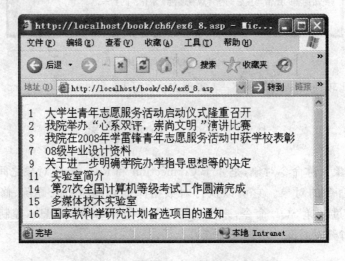

图 6 - 21　使用 Command 显示数据库信息

① 使用 Command 对象显示或操作数据库的基本格式如下：

'第 1 步：连接数据库　　这一步 Command 和 Recordset 对象相同

Set conn = Server. CreateObject("ADODB. Connection")

conn. Open("driver = {Microsoft Access Driver (* . mdb)};dbq = " &Server. MapPath("news. mdb"))

```
'第 2 步:生成记录集或操纵数据库
set cmd = Server.CreateObject("ADODB.command")
cmd.ActiveConnection = conn
cmd.CommandText = sql 查询或操纵语句
'如果执行查询语句,则:
set rs = conn.Execute          '执行查询语句,返回一个 Recordset 对象的实例 rs
'如果执行数据操纵语句
conn.Execute
'第 3 步  显示数据库          '如果是操纵数据库,则不需这一步
Response.Write   rs("字段名")
'第 4 步  关闭记录集和数据连接
rs.Close()
set rs = nothing
conn.Close
set conn = nothing
```

② ActiveConnection 和 Commandtext 是 Command 对象的属性。ActiveConnection 对象用于设定连接对象,CommandText 对象用于设定要执行何种操作。

③ 此方法与使用 Connection 对象生成记录集的方法类似。不同之处在于,使用 Command 对象的 Execute 方法执行前须先设定 ActiveConnection 和 CommandText 属性。

6.5.2　Command 对象的常用方法

Command 对象的方法不多,但是很重要。在设置了 Command 对象的属性之后,一般是通过执行 Command 对象的方法来实现具体的操作任务。Command 对象常用的方法如下:

1. Execute 方法

Execute 方法用于执行数据库的查询,即执行在 CommandText 属性中指定的查询,包括查询记录、删除、添加、修改等操作。其命令格式有两种形式。

一种能返回 Recordset 对象的记录集。这种格式通常是在对数据库进行查询,在需要显示记录的时候会用到。

命令格式为:

set Recordset 对象实例名＝cmd.Execute

另外一种不返回 Recordset 对象的记录集。这种格式一般用于执行数据库的添加、删除、更新操作,在无需返回记录时使用。

命令格式为:

cmd.Execute

无论哪种形式,在使用 Execute 方法时,需要在 CommandText 属性中指定数据库的查询

信息,告诉服务器要做什么样的操作。

2. Cancel 方法

Cancel 方法用于取消正在执行的 Execute 或 Open 方法。

当在应用系统中允许用户提交自定义的数据为查询命令时,Cancel 命令方法是非常重要的。当用户觉得查询时间过长,打算取消这个查询时,可以通过 Cancel 方法来实现。

6.5.3 Command 对象的常用属性

Command 对象有许多属性,这些属性可以用于控制对数据源特性的操作,具体的属性如表 6-10 所列。

表 6-10 Command 对象的常用属性

属　性	功能描述
Activeconnection	指定一个 Connection 对象
CommandText	指定数据库要执行何种操作
CommandTimeout	用于设置 Command 对象 Execute 方法的最长执行时间
CommandType	用于指定数据查询信息的类型
Prepared	指定数据查询信息是否要先行编译、存储
Name	用于设置或返回 Command 对象的名字
Parameters	用于设置或返回 Command 对象中的所有 Property 对象

下面对一些常用的属性进行说明,假定已经建立起一个 Command 对象实例,其名称为 cmd。

1. ActiveConnection 属性

ActiveConnection 属性用于指定一个 Connection 连接对象,表示 Command 对象是根据哪一个 Connection 对象进行创建的,即该 Command 对象是属于哪一个 Connection 对象。

命令格式为:

cmd. ActiveConnection＝Connection 对象实例名

2. CommandText 属性

CommandText 属性指定将要对数据库进行何种操作,例如查询、添加、删除、修改等。CommandText 属性是一个字符串类型的参数,它的内容可以是一个 SQL 命令字符串,可以是一个存储过程的名字,也可以是一个数据表的名称等,但它们的功能却是一样的。

命令格式为:

cmd. CommandText＝SQL 语句、表名、查询名或存储过程名

3. CommandTimeout 属性

CommandTimeout 属性用来设置或返回在 Command 对象中 Execute 方法的最长执行时

间,即在终止或产生错误之前 Execute 方法执行的最长时间,默认为 30 秒。若该属性值设为 0,则表示无限期等待直到该命令执行完毕。

使用 Command 对象的 CommandTimeout 属性,允许由于网络拥塞或服务器负载过重产生的延迟而取消 Execute 方法调用,以免使用户等待过久。

命令格式为:

cmd. CommandTmeout＝数值

例如语句 < ％cmd. CommandTimeout＝90％ > 设置了 Execute 方法最长可执行 90 秒。

【例 6 - 9】　用 Command 对象实现例 6 - 3 的效果:显示新闻列表,并添加超链接,分别进行插入、修改或删除记录的操作。

文件 ex6_9.asp 为新闻列表页面,代码如下:

```
1    < %
2    set conn = Server.CreateObject("ADODB.Connection")
3    conn.Open("driver = {Microsoft Access Driver ( * .mdb)};dbq = " &Server.MapPath("news.mdb"))
4    set cmd = Server.CreateObject("ADODB.command")
5    cmd.ActiveConnection = conn
6    sql = "select * from article"
7    cmd.CommandText = sql
8    set rs = cmd.Execute()
9    % >
10     < TABLE width = "500" border = "1" >
11     < TR >
12        < TD > < % = rs("ID").name % > < /TD > < TD > < % = rs("title").name % > < /TD >
13       < /TR >
14     < %
15      For I = 0 To rs.PageSize - 1
16      If rs.eof or rs.bof Then Exit For
17     % >
18      < TR >
19        < TD > < % = rs("ID") % > < /TD >
20        < TD > < % = rs("title") % > < /TD >
21      < /TR >
22     < %
23      rs.MoveNext
24      Next
25     % >
26      < TR >
```

```
27      < TD colspan = 2 align = "center" > < A href = "ex6_9_1. asp" > 插入新记录 < /A >  
   < A href = "ex6_9_2. asp" > 修改新插入的记录 < /A >     < A href = "ex6_9_
3. asp" > 删除修改后的记录 < /A > < /TD >
28      < /TR >
29      < /TABLE >
```

文件文件 ex6_9_1. asp 为插入记录页面,代码如下:

```
1    < %
2      set conn = Server. CreateObject("ADODB. Connection")
3      conn. Open("driver = {Microsoft Access Driver ( * . mdb)};UID = ;PWD = ;dbq = " &Server. MapPath
("news. mdb"))
4      set cmd = Server. CreateObject("ADODB. command")
5      cmd. ActiveConnection = conn
6      sql = "Insert into article(title,content,author) values('使用 command 对象插入记录测试','
command 对象测试','孔玉')"
7      cmd. CommandText = sql
8      cmd. Execute()
9      conn. Close
10     set conn = nothing
11     Response. Redirect "ex6_9. asp"
12    % >
```

修改记录页面文件 ex6_9_2. asp、删除记录页面文件 ex6_9_3. asp 与 ex6_9_2. asp 代码相
似,只是执行的 sql 语句有所不同。程序执行结果与例 6 - 3 相同。
请读者自己比较例 6 - 3、例 6 - 6 和例 6 - 9 实现方法的不同。

6.5.4   扩展实例训练——使用 Command 对象制作详细新闻网页

【例 6 - 10】 用 Command 对象实现例 6 - 4 的功能。
文件 ex6_10. ASP 是新闻列表页面,代码如下:

```
1    < %
2      set conn = Server. CreateObject("ADODB. Connection")
3      conn. Open("driver = {Microsoft Access Driver ( * . mdb)};UID = ;PWD = ;dbq = " &Server. MapPath
("news. mdb"))
4      set cmd = Server. CreateObject("ADODB. command")
5      cmd. ActiveConnection = conn
6      sql = "select * from article"
7      cmd. CommandText = sql
```

```
8      set rs = cmd. Execute
9    % >
10   < TABLE width = "500" border = "1" >
11     < TR >
12       < TD > < % = rs("ID"). name % > < /TD >
13       < TD > < % = rs("title"). name % > < /TD >
14     < /TR >
15   < % Do until rs. eof % >
16     < TR >
17       < TD > < % = rs("ID") % > < /TD >
18       < TD > < A href = ex6_10_1. asp? ID = < % = rs("ID") % > > < % = rs("title") % > < /A
> < /TD >
19     < /TR >
20   < %
21     rs. MoveNext
22     Loop
23     rs. Close
24     set rs = nothing
25     conn. Close
26     set conn = nothing
27   % >
28   < /TABLE >
```

文件 ex6_10_1. asp 是新闻详细页面,代码如下:

```
1    < %
2      id1 = Request. QueryString("ID")
3      set conn = Server. CreateObject("ADODB. Connection")
4      conn. Open("driver = {Microsoft Access Driver ( * . mdb)};UID = ;PWD = ;dbq = " &Server. MapPath
("news. mdb"))
5      set cmd = Server. CreateObject("ADODB. command")
6      cmd. ActiveConnection = conn
7      sql = "select  *  from article where ID = "&id1
8      cmd. CommandText = sql
9      set rs = cmd. Execute()
10   % >
11   < TABLE width = "500" border = "1" >
12     < TR > < TD align = "center" > < % = rs("title") % > < /TD > < /TR >
```

```
13      < TR > < TD align = "center" > 作者：< % = rs("author")% >       发布时间：< % = rs("
time")% > < /TD > < /TR >
14      < TR > < TD > < img src = "< % = rs("pic")% >" width = "200" height = "160" > < /TD >
< /TR >
15      < TR > < TD > < % = rs("content")% > < /TD > < /TR >
16    < %
17    conn. Close
18    set conn = nothing
19    % >
20    < /TABLE >
```

程序执行结果与例 6 - 4 相同。

请读者自己比较本例与例 6 - 4、例 6 - 7 在实现方法上的不同。

6.6   ADO 动态网页综合实践

动态网站中，对数据库信息添加和修改是通过表单实现的，本节将结合前面讲的表单知识和本章的 ADO 知识实现新闻信息的显示、添加、修改和删除工作。

6.6.1   新闻管理网页结构设计

该部分由以下文件组成。

News. mdb	数据库文件，新闻数据存在 article 表中。
Index. asp	首页，新闻信息显示页面。
News_detail. asp	显示某条新闻详细信息。
News_add. asp	添加新闻的页面。
Newsedit_list. asp	编辑新闻列表页面。
News_edit. asp	编辑某新闻详细页面。
News_delete. asp	删除新闻的页面。

各网页结构关系如图 6 - 22 所示。

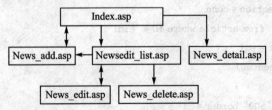

图 6 - 22   新闻管理网页结构关系图

6.6.2   新闻管理网页制作

文件名为 index. asp,代码如下:

```
1    < %
2      set conn = Server. CreateObject("ADODB. Connection")
3      conn. Open("driver = {Microsoft Access Driver ( * . mdb)};UID = ;PWD = ;dbq = " &Server. MapPath
("news. mdb"))
4      set rs = Server. CreateObject("ADODB. Recordset")
5      sql = "select * from article order by ID desc"
6      rs. Open sql,conn,1,1
7      If rs. Eof and rs. Bof then
8        Response. write " < p >还 没 有 任 何 新 闻 </p >"
9      Else
10   % >
11     < P > < STRONG >全部新闻(首页)</STRONG >
12     < TABLE border = 1 bordercolordark = # FFFFEC bordercolorlight = # 5E5E00 cellpadding = 1
cellspacing = 0 width = "545" >
13       < TR bgcolor = # CCCCCC align = center > < TD width = "64 %" >标题 </TD > < TD width
= "10 %" >作者 </TD > < TD width = "26 %" >日期 </TD > </TR >
14   < %
15     rs. PageSize = 4
16     If Request("page") < > "" Then
17       iPage = Cint(Request("page"))
18       If iPage < 1 Then     iPage = 1 '页码小于1,则显示第一页
19       If iPage > rs. PageCount Then iPage = rs. PageCount '当大于总页数的时候,显示最后一页
20     Else
21       iPage = 1     '第一次显示没有页码,默认显示第一页
22     End If
23     rs. AbsolutePage = iPage
24     For i = 0 To rs. PageSize - 1
25       If rs. EOF Then Exit For
26   % >
27       < TR >
28       < TD > < A href = "news_detail. asp? ID = < % = rs("ID")% >" > < % = rs("title")%
> </A > </TD >
29       < TD > < % = rs("author")% > </TD >
30       < TD > < % = rs("time")% > </TD >
```

```
31        < /TR >
32    < %
33        rs. MoveNext
34        Next
35    % >
36        < TR >
37            < TD align = "center" colspan = "3" > < A href = "news_add. asp" > 添加新闻 < /A >
   < A href = "newsedit_list. ASP" >  编辑新闻 < /A > < /TD >
38        < /TR >
39        < /TABLE >
40    < %
41        '当前是第一页的时候,不显示"第一页"
42        If iPage < > 1 Then      % >
43            < A HREF = "index. asp? page = 1" > 第一页 < /A >
44            < A HREF = "index. asp? page = < % = iPage － 1 % > " > 上一页 < /A >
45    < %
46        End If
47        '当前是最后一页的时候,不显示"最后页"
48        IF iPage < > rs. PageCount Then
49    % >
50            < A HREF = "index. asp? page = < % = iPage + 1 % > " > 下一页 < /A >
51            < A HREF = "index. asp? page = < % = rs. pageCount % > " > 最后页 < /A >
52    < %
53        End If
54        Response. Write("当前第" & iPage &"/"& rs. PageCount&"页")
55        End if
56        rs. Close
57        set rs = nothing
58        conn. Close
59        set conn = nothing
60    % >
```

运行结果如图 6 - 23 所示。

文件名为 news_detail. asp,代码如下:

```
1    < %
2    id1 = Request. QueryString("ID")
3    set conn = Server. CreateObject("ADODB. Connection")
```

图 6-23　新闻主页

4　　conn. Open("driver = {Microsoft Access Driver (∗.mdb)};UID = ;PWD = ;dbq = " &Server. MapPath ("news.mdb"))

5　　set rs = conn. Execute("select ∗ from article where ID = "&id1)

6　　% >

7　　< P > < STRONG > 详细信息 < /STRONG >

8　　< TABLE border = 1 bordercolordark = # FFFFEC bordercolorlight = # 5E5E00 cellpadding = 1 cellspacing = 0 width = "545" >

9　　　< TR > < TD align = "center" > < % = rs("title")% > < /TD > < /TR >

10　　　< TR > < TD align = "center" > 作者: < % = rs("author")% >　　发布时间: < % = rs("time")% > < /TD > < /TR >

11　　　< TR > < TD > < % = rs("content")% > < /TD > < /TR >

12　< %

13　　rs. Close

14　　set rs = nothing

15　　conn. Close

16　　set conn = nothing

17　% >

18　< /TABLE >

19　< BR >

20　< A href = "index.asp" > 返回 < /A >

运行结果如图 6-24 所示。

 181

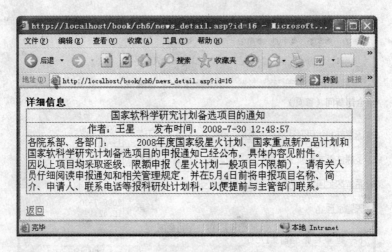

图 6-24　新闻详细页面

 例题解析：

① 由 index. asp 链接到 news_detail. asp 时为了能明确点击了哪一条新闻,需要传递参数 id,如 index. asp 中第 28 行代码所示。

② 而在 news_detail. asp 中,需要接收由 index. asp 传递的参数 ID,第 1 行代码 id1＝request. querystring("ID")中,ID 即是由 index. asp 传递的参数,而 id1 是在 news_detail. asp 中使用的变量,两者不同。

③ 信息分页显示是动态网页中常用的功能,文件 index. asp 第 14～16 行,第 40～55 行即实行了分页功能。在其他网页中使用分页功能时,注意变量 iPage 和记录集及对象实例 rs 的变化。

文件名为 news_add. asp,代码如下：

```
1    < SCRIPT language = "VBScript" >
2      Sub ok_onclick
3        If news. f_title. value = "" Then
4          window. alert("请输入新闻标题!")
5          news. f_title. focus
6          Exit sub
7        End If
8        If news. f_content. value = "" Then
9          window. alert("请输入新闻的具体内容!")
10         news. f_content. focus
```

```
11        Exit sub
12        End If
13        If news. f_author. value = "" Then
14            window. alert("请输入作者姓名!")
15            news. f_author. focus
16            Exit sub
17        End If
18        news. Submit
19      End sub
20    < /SCRIPT >
21    < %
22      If (Request. QueryString("action") = "submit") Then
23        set conn = Server. CreateObject("ADODB. Connection")
24        conn. Open("driver = {Microsoft Access Driver ( * .mdb)};UID = ;PWD = ;dbq = " &Server. Map-
Path("news.mdb"))
25        set rs = Server. CreateObject("ADODB. Recordset")
26        sql = "select * from article"
27        rs. Open sql,conn,1,3
28        rs. Addnew
29        rs("title") = Request. form("f_title")
30        rs("content") = Request. form("f_content")
31        rs("author") = Request. form("f_author")
32        rs. Update
33        rs. Close
34        set rs = nothing
35        conn. Close
36        set conn = nothing
37        Response. Redirect "newsedit_list.asp"
38      End if
39    % >
40    < BR > < STRONG > 添加新闻 < /STRONG >
41    < FORM name = "news" method = "post"   action = "news_add. asp? action = submit" >
42      < TABLE width = "500" bordercolordark = # FFFFEC bordercolorlight = # 5E5E00 cellpadding
= 1 cellspacing = 0 >
43        < TR > < TD > 标题: < /TD > < TD > < INPUT type = text size = 50 name = "f_title" > < /
TD > < /TR >
44        < TR > < TD > 内容: < /TD > < TD > < TEXTAREA cols = 60 name = "f_content" rows = 8 >
```

```
</TEXTAREA> </TD> </TR>
45        <TR> <TD>作者：</TD> <TD> <INPUT type = text size = 20 name = "f_author"> </
TD> </TR> <TR>
46        <TD>   </TD>
47        <TD> <INPUT name = "ok" type = button  value = " 确 定 ">
48          <INPUT name = "reset" type = reset   value = " 清 除 ">
49          <A href = "index.asp">返回首页 </A> </TD>
50      </TR>
51    </TABLE>
52   </FORM>
```

运行结果如图 6 - 25 所示。

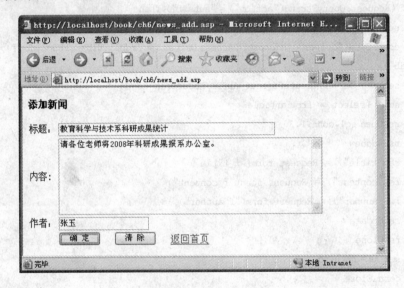

图 6 - 25　添加新闻页面

① news_add.asp 中第 22～38 行代码执行将表单中的信息写入数据库,只有在单击了"确定"按钮后才执行。第 22 行中的 action 是指第 41 行中传递的链接参数。

② 过程 ok_onclick 用于检查表单中输入的标题、内容和作者信息是否为空,只有 3 项都不为空时,Form 才能提交信息。这种方式对事件过程的命名有严格的要求,过程名必须是"对象名_on 事件名",如 ok_onclick。

文件名为 newsedit_list.asp,代码如下:

```
1    < %
2    set conn = Server.CreateObject("ADODB.Connection")
3    conn.Open("driver = {Microsoft Access Driver ( * .mdb)};UID = ;PWD = ;dbq = " &Server.MapPath
("news.mdb"))
4    set rs = Server.CreateObject("ADODB.Recordset")
5    sql = "select * from article order by ID desc"
6    rs.Open sql,conn,1,1
7    If rs.Eof and rs.Bof Then
8       Response.Write "< p >还没有任何新闻</p >"
9    Else
10   % >
11     < P > < STRONG >全部新闻</STRONG >
12     < TABLE border = 1 bordercolordark = #FFFFEC bordercolorlight = #5E5E00 cellpadding = 1
cellspacing = 0 width = "600" >
13             < TR bgcolor = #CCCCCC align = center > < TD width = "50%" >标题</TD > < TD
width = "8%" >作者</TD > < TD width = "27%" >日期</TD > < TD width = "15%" >操作</TD > < /TR
>
14   < %
15     rs.PageSize = 4
16     If Request("page") < > "" Then
17       iPage = Cint(Request("page"))
18       If iPage < 1 Then     iPage = 1 '页码小于 1,则显示第一页
19       If iPage > rs.PageCount Then iPage = rs.PageCount '当大于总页数的时候,显示最后一页
20     Else
21       iPage = 1   '第一次显示没有页码,默认显示第一页
22     End If
23     rs.AbsolutePage = iPage
24     For i = 0 To rs.PageSize − 1
25       If rs.EOF Then Exit For
26   % >
27     < TR >
28       < TD > < A href = "news_detail.asp? ID = < % = rs("ID")% >." > < % = rs("title")
% > < /A > < /TD >
29       < TD > < % = rs("author")% > < /TD > < TD > < % = rs("time")% > < /TD >
30       < TD > < A href = "news_edit.asp? ID = < % = rs("id")% >" >编辑</A > < A href = "
news_delete.asp? ID = < % = rs("ID")% >" >删除</A > < /TD >
31     < /TR >
```

```
32      < %
33          rs. MoveNext
34      Next
35      % >
36        < TR >
37          < TD align = "center" colspan = "4" > < A href = "news_add. asp" > 添加新闻 </ A >
   < A href = "index. asp" >  返回首页 </ A > </ TD >
38        </ TR >
39      </ TABLE >
40      < %
41      '当前是第一页的时候,不显示"第一页"
42      If iPage < > 1 Then      % >
43        < A HREF = "newsedit_list. asp? page = 1" > 第一页 </ A >
44        < A HREF = "newsedit_list. asp? page = < % = iPage - 1 % > " > 上一页 </ A >
45      < %
46      End If
47      '当前是最后一页的时候,不显示"最后页"
48      IF iPage < > rs. PageCount Then      % >
49        < A HREF = "newsedit_list. asp? page = < % = iPage + 1 % > " > 下一页 </ A >
50        < A HREF = "newsedit_list. asp? page = < % = rs. pageCount % > " > 最后页 </ A >
51      < %      End If
52      Response. Write("当前第" & iPage &"/"& rs. PageCount&"页")
53      End If
54      rs. Close()
55      set rs = nothing
56      conn. Close
57      set conn = nothing
58      % >
```

运行结果如图 6 - 26 所示。

文件名为 news_edit. asp,代码如下:

```
1      < %
2      If Request. QueryString("action") = "submit" Then
3          id2 = Request. Form("newsid")
4          set conn = Server. CreateObject("ADODB. Connection")
5          conn. Open("driver = {Microsoft Access Driver ( * . mdb)};UID = ;PWD = ;dbq = " &Server. Map-
Path("news. mdb"))
```

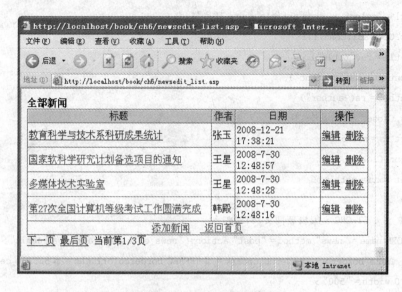

图 6-26　新闻编辑列表页面

```
6       set rs = Server.CreateObject("ADODB.Recordset")

7       sql = "select * from article where id = "&id2

8       rs.Open sql,conn,1,3

9       rs("title") = Request.Form("f_title")

10      rs("content") = Request.Form("f_content")

11      rs("author") = Request.Form("f_author")

12      rs.Update

13      rs.Close

14      set rs = nothing

15      conn.Close

16      set conn = nothing

17      response.redirect "index.asp"

18      End if

19      % >

20      < %

21      id1 = Request.QueryString("ID")

22      set conn = Server.CreateObject("ADODB.Connection")

23      conn.Open("driver = {Microsoft Access Driver ( * .mdb)};UID = ;PWD = ;dbq = " &Server.Map-
Path("news.mdb"))

24      set rs = Server.CreateObject("ADODB.Recordset")
```

```
25      sql = "select * from article where ID = "&id1
26      rs.Open sql,conn,1,1
27      title = rs("title")
28      content = rs("content")
29      author = rs("author")
30      rs.Close
31      set rs = nothing
32      conn.Close
33      set conn = nothing
34   % >
35   < BR > < STRONG >编辑新闻 </STRONG >
36   < FORM name = "news" method = "post" action = "news_edit.asp? action = submit" >
37      < TABLE border = 1 bordercolordark = ♯FFFFEC bordercolorlight = ♯5E5E00 cellpadding = 1
cellspacing = 0 width = "500" >
38      < TR >
39       < TD >标题: </TD >
40       < TD > < INPUT size = 50 name = "f_title" value = " < % = title% > " > </TD >
41      </TR >
42      < TR >
43       < TD >内容: </TD >
44       < TD > < TEXTAREA cols = 60 name = "f_content" rows = 8 > < % = content% > < /TEXTAR-
EA > </TD >
45      </TR >
46      < TR >
47       < TD >作者: </TD >
48       < TD > < INPUT size = 15 name = "f_author" value = " < % = author% > " > </TD >
49      </TR >
50      < TR >
51       < TD align = center colspan = "3" > < INPUT name = "ok" type = submit   value = " 确 定 " >
52          < INPUT name = "reset" type = reset   value = " 清 除 " >
53          < INPUT name = "newsid" type = hidden value = " < % = id1% > " >
54        < A href = "newsedit_list.asp" >返回新闻编辑列表页面 </A > </TD >
55      </TR >
56     </TABLE >
57   </FORM >
```

运行结果如图 6 - 27 所示。

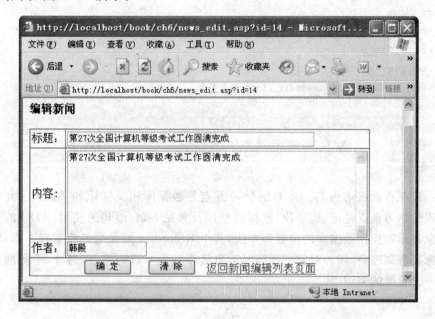

图 6 - 27　编辑新闻页面

① 由 newsedit_list. asp 向 news_edit. asp 链接时需传递参数 ID，在 news_edit. asp 中由第 21 行代码接受并保存在变量 id1 中。

② 注意隐藏参数的使用。提交信息时，为了能确定更改哪一条记录，传递表单变量的同时，需传递一隐藏参数 newsid，如第 53 行所示。第 3 行接收隐藏参数 newsid 并将其存在变量 id2 中。

文件名为 news_delete. asp，代码如下：

```
1    < %
2        id1 = Request. QueryString("ID")
3        set conn = Server. CreateObject("ADODB. Connection")
4        conn. Open("driver = {Microsoft Access Driver ( ∗ . mdb)};UID = ;PWD = ;dbq = " &Server. MapPath
("news. mdb"))
5        set rs = Server. CreateObject("ADODB. Recordset")
6        sql = "select ∗ from article where ID = "&id1
7        rs. Open sql,conn,1,3
```

```
8      rs.delete
9      rs.Close
10     set rs = nothing
11     conn.Close
12     set conn = nothing
13     Response.Redirect "newsedit_list.asp"
14   % >
```

小　结

　　本章是该课程的核心内容。本章的学习重点是数据库相关知识和 ADO 三大对象的使用。数据库的学习重点是记录、字段、数据类型以及常见 SQL 语句的使用；ADO 的学习重点是三大对象显示和操作数据库的步骤和方法，其中 Recordset 对象应熟练掌握。本章中，记录指针的概念要深刻理解，因为对它的理解与否直接影响到本章的学习，另外，不同网页参数的传递也是一个重要的知识点。

习题 6

1. 解释概念：数据库、数据表、记录、字段、记录集和指针。
2. 常用的 SQL 语句有哪些？请写出其语法格式。
3. Connection 对象有何功能？它常用的方法有哪些？
4. Recordset 对象有何功能？它常用的方法和属性有哪些？
5. Command 对象有何功能？它常用的方法和属性有哪些？
6. Connection、Recordset 和 Command 对象有何关系？

第7章 动态网站工程实践——高校系、部网站的设计与开发

【学习目标】

➤ 了解网站的设计和开发过程；

➤ 掌握系统设计和数据库设计的方法；

➤ 了解网站开发的规范；

➤ 掌握使用 ADO 显示、录入、修改和删除数据库信息的基本方法；

➤ 掌握登录系统的制作方法。

前面系统学习了动态网页制作的相关知识，包括 HTML 标记语言、VBScript 脚本语言、ASP 的内置对象、数据库和 ADO 编程以及 ASP 组件知识。本章将从项目设计和开发的角度设计和开发一个完整的 ASP 网站——高校系、部网站，一方面是应用和整合以前所学知识，同时也了解整站开发的规范，提高工程实践能力。

7.1 总体设计

总体设计是网站开发的前期工作，是对网站的系统规划，它具体包括系统功能设计、系统模块设计、界面设计和文件设计。

7.1.1 系统功能设计

高校系、部网站的功能分前台和后台管理两部分，主要功能如下：

1. 栏目设置

设置两级栏目。一级栏目包括系、部简介，新闻动态，教学工作，学科建设，科研工作，实验中心，党群工作，成人教育，学生工作，学生作品 10 个栏目。每个一级栏目下设置数个二级栏目，通过后台管理能动态添加和删除一、二级栏目。

2. 动态显示和管理栏目信息

打开一级栏目后，能动态显示该一级栏目下的二级栏目列表及二级栏目下的列表信息，单击某列表信息，可显示该信息具体内容。通过后台管理能对栏目信息进行动态添加、修改和删除。

3. 动态显示和管理学生作品信息

学生作品栏目下学生作品均以图片的形式显示，单击后可显示具体的作品信息，能对学生作品进行动态添加、修改和删除。

4. 图片新闻栏目

首页显示图片新闻栏目,能以幻灯片的形式动态显示最新 5 幅新闻图片,单击后打开图片新闻。

5. 动态显示和管理友情链接信息

通过后台管理能动态添加、修改和删除友情链接栏目。

6. 管理员分三种级别

管理员分一般管理员、全部栏目管理员和超级管理员三类,分别管理具体栏目、全部栏目和所有网站信息。超级管理员除能管理全部栏目信息外,还能进行管理员信息管理、超级链接信息管理、数据库备份和对网站进行初始化等管理工作。

7.1.2 系统模块设计

图 7-1 为系统模块结构图,网站共 10 个栏目,每个栏目中有数个子栏目(图中略)。管理员登录后台后管理各栏目,将信息写入数据库,前台模块从数据库中读取、显示信息。

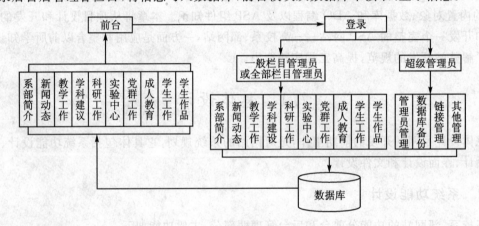

图 7-1 系统模块结构图

7.1.3 程序开发规范设计

1. 页面模块化

网站在界面设计上采用模块化处理思想,把很多页面共用的功能部分写在一个模块中,或用函数实现,在使用该功能时,通过包含语句"<!——include file="top.asp"——>"将文件包含进来,或通过调用函数的形式调用,这样可以反复利用,提高开发效率。

例如,网站中页面的头文件、尾文件和数据库的连接文件等在多个网页中都用到,因此,以包含文件的形式插入到网页中,首页中的栏目信息和一级栏目网页中子栏目信息均采用函数调用的形式显示。

2. 充分利用栏目名称作参数,简化网页数量

网站共 10 个栏目,结构相似,利用这一特点对网页进行分类设计,将前台中显示信息的主要网页分为首页、栏目及信息列表页面和详细内容页面三类,后台管理页面主要分为显示信息、添加信息、修改信息和删除信息四类页面,每一类网页用一个动态网页实现。不同栏目是通过传递参数实现的,这样能有效地减少网页数量,提高制作效率。

7.2 数据库设计与连接

7.2.1 系统数据库设计

表 7-1 所列为网站所用数据表,主要包括一级栏目表(bigclass_new)、二级栏目表(small-class_new)、信息表(news)、管理员表(manage_user)和网站初始化信息表(web_config)。

表 7-1 网站用数据库表

表 名	字段名	数据类型	长 度	主 键	描 述
Bigclass_new	Bigclassid	自动编号	4	是	一级栏目编号
	Bigclassname	文本	10	否	一级栏目名称
Smallclass_new	Smallclassid	自动编号	4	是	二级栏目编号
	Smallclassname	文本	20	否	二级栏目名称
	Bigclassname	文本	10	否	二级栏目对应的一级栏目名称
	Conclass	文本	10	否	二级栏目属于哪一类信息
News	Id	自动编号	4	是	信息编号
	Title	文本	30	否	信息标题
	Bigclassname	文本	10	否	所属一级栏目
	Smallclassname	文本	20	否	所属二级栏目
	From	文本	10	否	发布人
	Content	备注		否	信息具体内容
	Pic	文本	10	否	信息中是否有图片
	Filename1	文本	40	否	学生作品路径和文件名
	Filename2	文本	40	否	图片新闻中图片的路径和文件名
	Hits	数字	8	否	点击数
	Infotime	日期/时间	8	否	信息添加时间
	Author	文本	10	否	学生作品姓名

表　名	字段名	数据类型	长　度	主　键	描　　述
	Id	自动编号	4	是	管理员编号
	Username	文本	20	否	管理员名称
Manage_user	Password	文本	50	否	密码
	Rights	备注		否	确定管理员级别的权限
	Max	是/否		否	是否为超级管理员

7.2.2　数据库连接

网站中所有信息都放在数据库中,凡是显示或操作数据库的动态网页都需要连接数据库,因此,把连接数据库和关闭数据库的代码放在一个文件 conn. asp 中,凡用到数据库操作的页面均将此文件包含进来。当关闭数据库连接时,再调用函数 conncolse 即可。调用数据库连接的包含语句为:

```
<! -- # include file = "conn. asp" -- >
```

数据库连接文件 conn. asp 主要代码如下:

```
< %
  Dim conn
  Dim dbpath
  Set conn = server. createobject("adodb. connection")
  DBPath = Server. MapPath("#einfodata/#einfo $ webdata. mdb")
  conn. Open "driver = {Microsoft Access Driver ( * . mdb)};dbq = " & DBPath        '打开数据库连接
  Sub connClose
    conn. Close
    Set conn = Nothing
  End Sub
% >
```

7.3　具体实现

7.3.1　首　页

首页(index. asp)显示主要栏目信息列表、图片新闻、学生作品和友情链接信息,如图 7 - 2 所示。

图 7-2　首页效果图

1. 显示栏目列表信息

首页中显示的二级栏目有：新闻动态，教学管理（在教学工作中），科研动态（在一级栏目科研工作中），实验教学公告（在一级栏目实验中心中），学工信息（在一级栏目学生工作中）等，各栏目显示最新上传的 5 条信息。栏目信息列表的显示写在一个 shownews 函数中，显示栏目信息列表时是通过传递栏目参数，调用函数的形式显示的，代码如下：

```
Sub showNews(showRow,cutStr,tableper,tdper,tdDownper,frospace,linkclass,linktarget,myrsSql,
showStr,showtime,showHit,urlpage,getid)
      '//showRow:显示几列。cutStr:截取字符串长度。tableper:表格属性。
      '//tdper:td 属性。tdDownper:下划线属性。frospace:标题前字符。
      '//linkclass:超链接样式。linktarget:超链接属性。myrssql:sql 语句。
      '//showStr:显示字符。showtime:显示时间。
      '//showHit:显示点击量。urlpage:链接地址。getid:传递 ID 参数。
      response.Write " < table width ='100 %' border ='0' cellspacing ='0' cellpadding ='0' align =
```

```
'left'>"'表格属性
        set myrs = server.CreateObject("adodb.recordset")
        sql = ""&myrssql&""   'SQL 语句
        myrs.open sql,conn,1,1
        if myrs.eof and myrs.bof then
            response.write "   暂时还没有信息"
        else
            i = 1
                response.Write "< tr >"
            do while not myrs.eof
                response.Write "< td height ='25'>"
                response.Write ""&tableper&""'表格属性
                if showtime < >"" then
                    mytime = myrs(""&showtime&"")
                    mytimeStr = "  < font color ='＃979898'>"&month(mytime)&"/"&day
(mytime)&"< /font >"
                end if
                if showHit < >"" then
                    myHit = myrs(""&showHit&"")
                    myHitStr = " < font color ='bbbbbb'>"&myHit&"< /font >"
                end if
                response.Write " "&tdper&" "&frospace&"< a href ='"&urlpage&"?"&getid&" = "&myrs
(""&getid&"")&"' class ='"&linkclass&"' target ='"&linktarget&"' title = "&myrs(""&showStr&"")&" >"
&left (myrs(""&showStr&""),cutStr)&"< /a >"&mytimeStr&"< /td >"
                response.Write "< /tr > < tr >"&tdDownper&"< /table >"
                if i mod showRow = 0 then
                    response.Write "< /td > < /tr >"
                end if
                i = i + 1
                myrs.MoveNext
            loop
        myrs.close
        end if
        response.Write "< /table >"
    end Sub
```

ShowNews 函数在文件 function.asp 中,若在 index.asp 中使用该函数,则需先用包含语句将 function.asp 文件包含进来,然后再调用该函数。调用 shownews 函数时需向函数传递

14 个参数,参数含义参见函数中的注释。以显示"学工通知"栏目信息为例,调用函数的语句为:

```
< %
call showNews(1,30," < table width ='100 %' border ='0' cellspacing ='0' cellpadding ='0' align =
'center'> "," < td height ='20'> ","","< img src ='img/icon3.gif' border ='0' align ='absmiddle'>
","","_target","select top 5 * from news where smallClassName ='通知栏' order by ID desc","title","
infotime","","Article.asp","ID")
% >
```

2. 教务信息栏目

教务信息栏目实现滚动效果,主要方法是在 index.asp 中加入 marquee 标记实现的,代码如下:

```
< marquee ID = typhoon onMouseOver = typhoon.stop()  onMouseOut = typhoon.start() scrollamount =
2 scrolldelay = 100 direction = up width = 180 height = "135" >
<! -- # include file = "jsnews.asp" -- >
⋮
< /marquee >
```

显示教务信息栏目信息由网页 jsnews.asp 实现,主要代码如下:

```
< %
sub showInfoTitle'显示信息类列表信息
    response.Write(" < a href ='Article.asp? ID = "&rs("ID")&"' target ='_blank'> ")
    if rs("pic") = "Yes" then
    response.write(" < font color = blue >[图]< /font > ")
        end if
    response.Write(rs("title"))
    response.Write(" < /a > ")
end sub
    set rs = server.CreateObject("adodb.recordset")'查询数据库
    sql = "select top 7 * from news where BigClassName ='教学工作' and SmallClassName ='教务信息'
order by id desc"
    rs.open sql,conn,1,1
    if rs.eof and rs.bof then'数据库为空
      response.write" < br > < br > "
      response.write"""&smallClass&"""资料正在整理中!"
    else % >
⋮
```

```
< % call showInfoTitle % >
    ⋮
< %
recordsetcount = recordsetcount + 1
rs. movenext
loop
% >
    ⋮
< % end if % >
```

Jsnews. asp 显示信息列表的主要原理是创建记录集,并通过循环语句输出信息列表。这是显示数据库信息的普遍原理。

学生作品的滚动效果实现与教务信息相似。

3. 图片新闻的幻灯片效果

News 数据表中,filename2 图片新闻中存储图片路径和名称的字段,图片幻灯片效果由 photoflash. asp 和 flash 播放文件 play. swf 实现,代码如下:

```
< ! -- # include file = "conn. asp" -- >
< a target = _self href = "Javascript:goUrl()" >
< script type = "text/Javascript" >
var pics = ""
var links = ""
var texts = ""
< %
j = 1
set rs = server. createobject("adodb. recordset")
sql = "select top 5 * from news where BigClassName = '新闻动态' and filename2 < >'null' order by ID desc"
rs. open sql,conn,1,1
do while not rs. eof
if j < 5 then% >
pics = pics + " < % = rs("FileName2") % > " + "|"
links = links + "article. asp? ID = " + escape(" < % = rs("ID") % > ") + "|"
texts = texts + " < % = rs("title") % > " + "|"
< % else % >
pics = pics + " < % = rs("FileName2") % > "
links = links + "article. asp? ID = " + escape(" < % = rs("ID") % > ")
texts = texts + " < % = rs("title") % > "
```

```
        < % end if
        rs. movenext
        j = j + 1
        loop
        rs. close
        % >
        var focus_width = 200
        var focus_height = 150
        var text_height = 0
        var swf_height = focus_height + text_height
        document. write('< object classid = "clsid:d27cdb6e - ae6d - 11cf - 96b8 - 444553540000" codebase
= " http://fpdownload. macromedia. com/pub/shockwave/cabs/flash/swflash. cab # version = 6, 0, 0, 0"
width = "'+ focus_width +'" height = "'+ swf_height +'" >');
        document. write('< param name = "allowScriptAccess" value = "sameDomain" > < param name = "movie"
value = "play. swf" > < param name = "quality" value = "high" > < param name = "bgcolor" value = " #
7BBDFF" >');
        document. write('< param name = "menu" value = "false" > < param name = wmode value = "opaque" >');
        document. write('< param name = "FlashVars" value = "pics = '+ pics +'&links = '+ links +'&texts = '
+ texts +'&borderwidth = '+ focus_width +'&borderheight = '+ focus_height +'&textheight = '+ text_
height +'" >');
        document. write('< embed src = "play. swf" wmode = "opaque" FlashVars = "pics = '+ pics +'&links = '
+ links +'&texts = '+ texts +'&borderwidth = '+ focus_width +'&borderheight = '+ focus_height +'
&textheight = '+ text_height +'" menu = "false" bgcolor = " #7BBDFF" quality = "high" width = "'+ focus_
width +'" height = "'+ focus_height +'" allowScriptAccess = "sameDomain" type = "application/x -
shockwave - flash" pluginspage = " http://www. macromedia. com/go/getflashplayer" / >');   document.
write('< /object >'); < /script > < /a >
```

注意：实现幻灯片效果，必须有 flash 播放文件 play. swf。

4. 友情链接信息的显示

友情链接信息的原理与教务信息显示相似，首先打开 links 数据表，生成记录集，然后在下拉菜单中循环显示，显示代码如下：

```
        < %
        set rs_links = server. createobject("adodb. recordset")
        sqltext4 = " select * from links order by ID"
        rs_links. open sqltext4,conn,1,1
        % >
        < form name = "form1" style = "margin - bottom:0;" >
```

```
< select name = "menu1" onChange = "MM_jumpMenu('parent',this,0)" >
< option selected > 请选择链接项目 < /option >
< % do until rs_links.eof % >
< option value = " < % = rs_links("link") % > " > < % = rs_links("name") % > < /option >
< % rs_links.movenext
loop % >
< /select >
< /form >
```

选中某一链接网址时,通过 onchange 事件执行函数 MM_jumpmenu(),跳转到新网址。MM_Jumpmenu()代码如下:

```
< script language = "Javascript" type = "text/Javascript" >
function MM_jumpMenu(targ,selObj,restore){ //v3.0
    eval(targ + ".location = '" + selObj.options[selObj.selectedIndex].value + "'");
    if (restore) selObj.selectedIndex = 0;
}
< /script >
```

7.3.2 栏目及信息列表页面

本网站的二级栏目中信息分为三类:一类是"信息类"栏目,如新闻动态,教务信息,实验教学公告,科研动态等,这类二级栏目下的内容为一条条的信息列表,如图 7 - 3 中的教务信息栏目所示,网站中的大部分二级栏目都属于这一类;另外一类是"简介类"栏目,例如系、部简介,组织机构,现任领导,学术梯队和科研管理办法等,这类二级栏目的内容是具体的文本内容,不再划分层次;第三类是"图片类"栏目,这一类是指学生作品(一级栏目)类中的影视作品、动画设计作品和网页设计作品,这类二级栏目的内容为图片列表。"简介类"栏目和"图片类"栏目如图 7 - 4 所示。三种栏目名称都存在 smallclass_new 表的 conclass 字段中。

单击某一级栏目菜单,可打开栏目及信息列表页面 info. asp。10 个一级栏目的所有二级栏目及信息列表都是用网页 info. asp 实现的,不同栏目是通过传递栏目名称参数实现的。Info. asp 根据不同的栏目名称参数能针对不同类的二级栏目自动分类显示各类信息。

Info. asp 的原理是:单击一级栏目,转向到 info. asp,并向 info. asp 传递一、二级栏目名称参数,在 info. asp 中,首先接收这两个参数,然后将一级栏目参数传递给函数 getSmallclass(在 inc/function. asp 中),从而从数据表 smallclass_new 中查询并显示出该一级栏目下的所有二级栏目,如图 7 - 3 左侧栏目部分所示,再根据接收的二级栏目参数确定出该二级栏目属于哪一类信息,并根据不同的类型调用相应的函数显示出该二级栏目下的信息。例如,图 7 - 3 右侧部分教务信息栏目属于"信息类"栏目,故调用函数 ShowInfoTitle 显示。

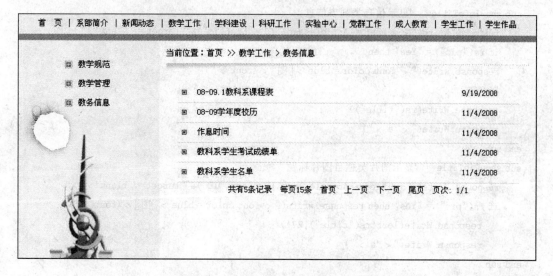

图7-3 info.asp 打开的"信息类"页面

图7-4 info.asp 打开的"简介类"和"图片类"页面

info.asp 代码如下:

```
<! -- # include file = "conn.asp" -- >
<! -- # include file = "inc/function.asp" -- >
<%
currPage = "info.asp"   '当前页面
BigClassName = request. querystring("bigclass")
```

```
sub showInfoTitle    '显示信息类列表信息
    response.Write(" < a href ='Article.asp? ID = "&rs("id")&"' target ='_blank'> ")
    if rs("pic") = "Yes" then
    response.write(" < font color = blue >［图］< /font > ")
    end if
    response.Write(rs("title"))
    response.Write(" < /a > ")
end sub
sub showPicTitle    '显示图片类栏目图片标题
    response.Write(" < a href ='Article.asp? ID = "&rs("ID")&"' target ='_blank'> ")
    if rs("pic") = "Yes" then response.write(" < font color = blue >［图］< /font > ")
        response.Write(left(rs("title"),27))
        response.Write(" < /a > ")
end sub
sub showContent    '显示简介类栏目内容
    set rscontent = server.CreateObject("adodb.recordset")
    sqlcontent = "select content from News where BigClassName = '"&bigClass&"' and SmallClassName =
'"&smallClass&"'"
    rscontent.open sqlcontent,conn,1,1
    content = rscontent("content")
    response.write(content)
    rscontent.close
end sub
sub showPic(picwid,pichei)'显示图片的图片
    response.write(" < a href = Article.asp? ID = "&rs("ID")&" target = _blank title = "&rs("ti-
tle")&" > ")
    if rs("FileName2") = "Null" then
        response.write(" < img src = '/Inc/images/nopic.jpg ' width = '" &picwid&"' height = '"
&pichei&"' border ='0' align ='absmiddle'> < a > ")
    else
        response.write(" < img src ='"&rs("FileName2")&"' width = '"&picwid&"' height ="&pichei&"'
border ='0' align ='absmiddle'> < a > ")
    end if
end sub
% >
< html >
< head >
```

```
< title > < % = BigClassName % > - < % call getweb_config("webname") % > < /title >
< ! -- # include file = "meta.asp" -- >
< meta http - equiv = "Content - Type" content = "text/html; charset = gb2312" / >
< link href = "css/css.css" rel = "stylesheet" type = "text/css" >
< style type = "text/css" >
< ! --
.STYLE4 {
    color: #0474B1;
    font - weight: bold;
    font - size: 14px;
}
.STYLE6 {
    color: #E03289;
    font - weight: bold;
}
#Layer1 {    position:absolute;
    width:118px;
    height:100px;
    z - index:1;
    background - image: url(images/cover.png);
}
.STYLE7 {
    color: #FFFFFF;
    font - weight: bold;
}
body {
    background - image: url(img/bg.gif);
    background - color: #F0F0EA;
}
-- >
< /style >
< /HEAD >
< body >
< body >
< ! -- # include file = "top.asp" -- >
< table width = "778" border = "0" align = "center" cellpadding = "0" cellspacing = "0" >
    < tr >
```

```
< td width = "190" align = "center" valign = "top" bgcolor = " #F4FBFF" >
  < table width = "100 %"  border = "0" align = "center" cellpadding = "0" cellspacing = "0" >
   < tr >
    < td align = "center" > < br >
     < table width = "80 %" border = "0" align = "center" cellpadding = "0" cellspacing = "0" >
       < tr >
        < td >
         < table width = "70" >
          < tr >
           < td >   < /td >
          < /tr >
         < /table >
        < /td >
        < td width = "54 %" >
         < %    '//默认大类,表名,链接地址,分几列显示,截取字符
         call getSmallclass(""&BigClassName&"","SmallClass_New",""&currPage&"",1,20)
         bigClass = trim(request("bigClass"))
         smallClass = trim(request("smallClass"))
         % >
        < /td >
       < /tr >
     < /table >
    < /td >
   < /tr >
  < /table >
  < p > < img src = "image/leftbg.jpg" width = "160" height = "210" > < /p >
< /td >
< td valign = "top" bgcolor = " #FFFFFF" >
 < table width = "98 %"  border = "0" align = "center" cellpadding = "0" cellspacing = "8" >
  < tr >
   < td >
    < table width = "100 %" border = "0" cellspacing = "0" cellpadding = "0" >
     < tr >
      < td height = "23" > < span class = "" > 当前位置: < a href = "index.asp" >
首页 < /a > &gt;&gt; < % = BigClassName % > &gt; < font color = "" > < % = smallClass % > < /font >
  < /span > < /td >
     < /tr >
```

```
              < tr >
                 < td height = "11" > < img src = "image/menuline. gif" width = "546" height
= "11" > </td >
              </tr >
              < tr >
                 < td height = "12" > </td >
              </tr >
            </table >
          </td >
        </tr >
      < tr >
         < td >
            < table width = "94 %" border = "0" align = "center" cellpadding = "0" cellspacing = "0" >
               < tr >
                  < td >
< %
set rs = server. CreateObject("adodb. recordset")  '查询数据库
sql = "select ID,title,infotime,FileName2,[from],hits,pic from news where BigClassName like '% "
&bigClass&" %' and SmallClassName like '% "&smallClass&" %' order by ID desc"
rs. open sql,conn,1,1
if rs. eof and rs. bof then   '数据库为空
response. write" < br > < br > "
response. write"""&smallClass&"""资料正在整理中!"
else
   dim page, recordsetcount
   recordsetcount = 0  '设定数据库中记录标记
   page = request. QueryString("page")'取得页数
   if page = "" then   '设定默认页
      page = 1
   end if
   set rsc = server. CreateObject("adodb. recordset")
   sqlc = "select BigClassName,SmallClassName,conclass from SmallClass_New where BigClassName =
'"&bigClass&"' and SmallClassName = '"&smallClass&"'"
   rsc. open sqlc,conn,1,1
   conclass = trim(rsc("conclass"))
   Select Case conclass
      Case "图片类"
```

```
        page = cint(page)    '转换数据类型
        rs.pagesize = 9    '设定每页显示的记录数
        if page < 1 then    '设定页数的值
            page = 1
        elseif page > rs.pagecount then
            page = rs.pagecount
        else
            page = page
        end if
        rs.absolutepage = page '设定当前活动页
        do while not rs.eof and recordsetcount < rs.pagesize    '循环并控制记录
        % >
        < table border = "0" align = "center" cellpadding = "10" cellspacing = "0" >
            < tr >
            < % for i = 1 to 3'按两列显示
                if not(rs.eof) and recordsetcount < rs.pagesize then % >
                    < td width = "120" >
                        < table width = "120" border = "0" cellpadding = "2" cellspacing = "1" >
                         < tr >
                         < td >
                         < div align = "center" >
                            < table ID = "__01" width = "120" height = "100" border = "0" cellpadding
= "0" cellspacing = "0" >
                                < tr >
                                    < td colspan = "3" > < div align = "center" > < img src = "ima-
ges/index_r18_c10_01.jpg" width = "126" height = "24" alt = "" > < /div > < /td >
                                < /tr >
                                < tr >
                                    < td > < img src = "images/index_r18_c10_02.jpg" width = "14"
height = "80" alt = "" > < /td >
                                    < td width = "108" > < % call showPic(100,80) % > < /td >
                                    < td > < img src = "images/index_r18_c10_04.jpg" width = "14"
height = "80" alt = "" > < /td >
                                < /tr >
                                < tr >
                                    < td colspan = "3" > < div align = "center" > < img src = "ima-
ges/index_r18_c10_05.jpg" width = "126" height = "24" alt = "" > < /div > < /td >
```

```
                                </tr>
                              </table >
                      </div >
                  </td >
                </tr >
                <tr >
                    <td height = "20" >
                        <div align = "center" > <% call showPicTitle %>
                        </div >
                    </td >
                </tr >
              </table >
          </td >
              <%
recordsetcount = recordsetcount + 1
rs. movenext
end if
next
%>
      </tr >
  </table >
<% loop %>
<table width = "100 %" border = "0" align = "center" cellpadding = "0" cellspacing = "0" >
    <tr >
        <td height = "40" >
            <div align = "center" >
                <% call getPage %>
            </div >
        </td >
    </tr >
</table >
<% Case "简介类" %>
    <table width = "100 %"　border = "0" align = "center" cellpadding = "0" cellspacing = "0" >
        <tr >
            <td > <% call showContent %> <p > </p >
            </td >
        </tr >
```

```
        < /table >
                  < %
case else
    page = cint(page)    '转换数据类型
    rs.pagesize = 15     '设定每页显示的记录数
    if page < 1 then     '设定页数的值
        page = 1
    elseif page > rs.pagecount then
        page = rs.pagecount
    else
        page = page
    end if
    rs.absolutepage = page    '设定当前活动页
% >
        < table width = "100 %" border = "0" align = "center" cellpadding = "0" cellspacing = "0" >
            < % do while not rs.eof and recordsetcount < rs.pagesize    '循环并控制记录 % >
                < tr bgcolor = "#ffffff" onMouseOver = this.bgColor = ' onmouseout = this.bgColor
= '#ffffff' >
                    < td height = "28" width = "30" > < img src = "images/dot.gif" >
                    < /td >
                    < td > < % call showInfoTitle % >
                    < /td >
                    < td width = "120" > < div align = "center" > < % = month(rs("infotime")) %
> / < % = day(rs("infotime")) % > / < % = year(rs("infotime")) % > < /div >
                    < /td >
                < /tr >
                < tr >
                    < td height = "1" colspan = "3" bgcolor = "#EDEDED" > < /td >
                < /tr >
            < % recordsetcount = recordsetcount + 1
            rs.movenext
            loop % >
        < /table >
        < table width = "100 %" border = "0" align = "center" cellpadding = "0" cellspacing = "0" >
            < tr >
                < td height = "22" bgcolor = "" > < div align = "center" > < % call getPage % > < /div >
                < /td >
```

```
        </tr>
      </table>
   <%end select
   end if%>
                </td>
              </tr>
            </table>
          </td>
        </tr>
      </table>
    </td>
  </tr>
</table>
<!--#include file="down.asp"-->
</body>
</html>
```

在 Info. asp 中,由一级栏目取得二级栏目列表的函数 getsmallclass()代码如下:

```
Sub getSmallclass(defaultbigclass,tablename,urlpage,showRow,cutStr)
    '//defaultbigclass:默认大类。tablename:表名。urlpage:链接地址。showRow:分几列显示。cut-
Str:每条记录显示多少个字符。
    bigClass = trim(request("Bclass"))'取得分类的类型号
    if bigClass = "" then'设定默认类型号
    bigClass = ""&defaultbigclass&""
    end if
    response. Write "<table width='142' border='0' align='center' cellpadding='0' cellspacing='0'>"
    set rsClassSmall = server. CreateObject("adodb. recordset")
    rsClassSmall.open "select * from "&tablename&" where BigClassName='"&bigClass&"' order by
SmallClassID asc",conn,1,1

    if rsClassSmall. eof and rsClassSmall. bof then
        response. Write "您未选择大类或此类中没有小类!"
    else
        i = 1
        do while not rsClassSmall. eof
                response. Write "<tr><td width='20'><img src='../image/dian.gif'></
```

```
td > < td height ='28'> "
                response. Write(" < a href ='/"&urlpage&"? bigClass = "&server. URLENCODE(big-
Class)"&"&smallClass = "&server. URLENCODE(rsClassSmall("SmallClassName"))&"'> ")
                response. write(" < span class = "> "&rsClassSmall("SmallClassName")&" </span
> </a>")
            if i mod showRow = 0 then
            response. Write " </td > </tr > "
            'response. Write " < tr > < td height ='1' bgcolor ='# D1D1D1'> </td > </tr
> "
            end if
            i = i + 1
            rsClassSmall. movenext
        loop
        rsClassSmall. close
    end if
    response. Write " </table > "
End Sub
```

7.3.3 详细信息页面

单击"信息类"栏目信息标题或"简介类"栏目信息图片时,便链接到详细信息页面 article. asp,并向 article. asp 传递该信息的主键值 id,aritcle. asp 根据该主健 id 的值确定出该记录的信息并显示,图 7-5 是显示的某一条教务信息的详细内容。

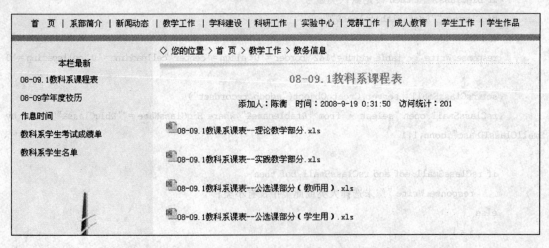

图 7-5 article. asp 显示的某一条教务信息的详细内容

Article. asp 网页代码如下：

```
<! -- # include file = "inc/Articlefuction.asp" -- >
< html >
< head >
< title > < % = rs("title") % > - < % call getweb_config("webname") % > </title >
<! -- # include file = "meta.asp" -- >
< meta http - equiv = "Content - Type" content = "text/html; charset = gb2312" />
< link href = "css/css.css" rel = "stylesheet" type = "text/css" >
< style type = "text/css" >
<! --
.STYLE4 {     color：# ff6600;
    font - weight：bold;
    font - size：16px;
}
.STYLE5 {color：# 116CC9;
    font - weight：bold;
    font - size：14px;
}
.STYLE7 {
    color：# 023B8A;
    font - weight：bold;
}
.STYLE3 {     color：# FFFFFF;
    font - size：14px;
    font - weight：bold;
}
.STYLE8 {font - size：14px;
    font - weight：bold;
    color：# 000000;
}
# Layer1 {     position:absolute;
    width:118px;
    height:100px;
    z - index:1;
    background - image：url(images/cover.png);
}
-- >
```

```
< /style >
< /head >
< body >
<! -- # include file = "top. asp" -- >
< table width = "778" border = "0" align = "center" cellpadding = "0" cellspacing = "0" >
  < tr >

    < td width = "210" align = "center" valign = "top" bgcolor = " #F4FBFF" >
      < table width = "95 %" border = "0" align = "center" cellpadding = "0" cellspacing = "0" >
        < tr >
          < td > < table width = "100 %" border = "0" cellspacing = "0" cellpadding = "0" >
            < br >
            < tr >
              < td width = "179" >  < div align = "center" class = "" > 本栏最新 < /div > < /td >
              < td >   < /td >
            < /tr >
          < /table > < /td >
        < /tr >
        < tr >
          < td style = "word – break;break – all" >  < %
'//显示几列,截取字符,表格属性,td 属性,下划线属性,标题前字符,超链接样式,超链接属性,sql 语
句,显示字符,显示时间,显示点击,链接地址,传递 ID 参数。
            call showNews(1,200," < table width ='90 %' border ='0' cellspacing ='0' cellpadding
='0' align ='center'> "," < td height ='25'> "," < td height ='1' background =' images/xvxian. jpg'
>","","","_target","select top 8 ID,title,wailink,TitleColor,infotime,hits from news where Big-
className ='"&rs("BigclassName")&'" and smallClassName ='"&rs("smallClassName")&'" order by guding de-
sc,tuijian desc,ID desc","title","","","Article. asp","ID")
          % >
          < /td >
        < /tr >
        < tr >
          < td height = "10" > < /td >
        < /tr >
      < /table >
      < p > < img src = "image/leftbg. jpg" width = "190" height = "210" > < img src = "image/
left3. gif" width = "188" height = "39" > < /p >
    < /td >
```

```
< td valign = "top" bgcolor = "#FFFFFF" >
< table width = "98%" border = "0" align = "center" cellpadding = "0" cellspacing = "0" >
< tr >
  < td height = "30" valign = "top" > < table width = "100%" border = "0" cellspacing = "0" cellpadding = "0" >
    < tr >
      < td valign = "top" > < span class = "" >  < /span >
      < table width = "95%" border = "0" align = "center" cellpadding = "0" cellspacing = "0" >
        < tr >
          < td height = "30" > < span class = "" >
          < % call writeWeizhi % >
          < /span > < /td >
        < /tr >
        < tr >
          < td height = "11" > < img src = "image/menuline. gif" width = "546" height = "11" > < /td >
        < /tr >
      < /table >

      < /td >
    < /tr >
  < /table > < /td >
< /tr >
< tr >
  < td > < table width = "100%" border = "0" align = "center" cellpadding = "0" cellspacing = "0" >
    < tr >
      < td height = "28" > < div align = "center" class = "style4" > < % = rs("title") % > < /div > < /td >
    < /tr >
    < tr >
      < td height = "45" > < div align = "center" > 添加人: < % = rs("author") % > 时间: < % = rs("infotime") % >  访问统计: < % = rs("hits") % > < /div > < /td >
    < /tr >
    < tr >
      < td height = "250" valign = "top" style = "font - size: 13px; LINE - HEIGHT:
```

```
26px;" >
                        < table width = "95 %" border = "0" align = "center" cellpadding = "0" cell-
spacing = "0" >
                    < tr >
                      < td > < % = rs("content") % > < /td >
                    < /tr >
                  < /table > < /td >
              < /tr >
              < tr >
                < td height = "1" bgcolor = " # CCCCCC" > < /td >
              < /tr >
              < tr >
                < td height = "35" valign = "bottom" > < div align = "center" >
                        < p > < a href = "Javascript:window. print()" class = "style4" > 打印本页
< /a >        < a href = "Javascript:window. close()" class = "style4"
> 关闭窗口 < /a >
                      < /p >
                  < /div > < /td >
              < /tr >
              < tr >
                < td height = "30" valign = "bottom" > < /td >
              < /tr >
            < /table > < /td >
          < /tr >
        < /table > < /td > < /tr >
  < /table >
  < ! -- # include file = "down. asp" -- >
  < /body >
  < /html >
```

其中，网页左侧"本栏最新"部分显示的是该二级栏目中最新上传的 8 条信息，它是通过过程 showNews()实现的。网页右侧上部的"当前位置"部分是通过函数 writeWeizhi()显示的，writeWeizhi()函数是在 Articlefuction. asp 中定义的，代码如下：

```
< %
sub writeWeizhi
    dim strWeizhi
    strWeizhi = strWeizhi & "◇ 您的位置  &gt;  < a href = / > 首  页 < /a >
```

```
 &gt; "&rs("BigclassName")&" &gt; "&rs("smallClassName")&""
        response. write strWeizhi
    end sub
% >
```

7.3.4　公共模块的实现

公共模块主要包括头部文件 top. asp 和底部文件 down. asp,其运行效果图分别如图 7-6 和图 7-7 所示。这两个网页在 index. asp、info. asp 和 article. asp 中都用到,因此,在网页的相应位置用包含文件的形式包括进来既可。头部文件 top. asp 是一个静态网页文件。底部文件 down. asp 中的网站相关信息存在数据表 web_config 中,信息的显示是通过调用函数 getweb_config 输出的,调用代码如下:

⋮

```
Copyright (c) 2006 < a href = "http:// < % call getweb_config("weburl") % > " target = "_blank" >
< % call getweb_config("weburl") % >  </a> All Right Reserved.  < a href = "maneinfo/manage. asp" >
管理 </a>
    < % call getweb_config("dianhua") % > < br >
    地址:< % call getweb_config("dizhi") % > < br > 技术支持:教科系教育技术教研室
```

⋮

函数 function getweb_config()代码如下:

```
< %
function getweb_config(confName)
set myrs = server. CreateObject("adodb. recordset")
sql = "select * from web_config"
myrs. open sql,Conn,1,1
if myrs. eof and myrs. bof then
response. write "暂无信息!"
else
response. Write(myrs(""&confName&""))
getweb_config = myrs(""&confName&"")
myrs. close
end if
end function
% >
```

图 7-6　网站头部文件

Copyright (c) 2008 www.xxx.edu.cn All Right Reserved. 管理

地址：XXX大学XXX系

技术支持：XXXX网站开发小组

图 7-7　网站底部文件

7.3.5　登录系统的实现

此部分主要由表单网页 login.asp 和信息处理网页 admin_chklogin.asp 组成，登录系统的原理如图 7-8 所示。用户通过表单页 login.asp 提交信息，由 admin_chklogin.asp 处理，首先接收表单提交的信息，然后判断输入的信息是否有空，如果有，则提出提示，如果不为空，则打开数据库，查询有无与接收信息相同的管理员记录，如果没有，则提示错误，如果有，则将用户名、用户权限等信息写入 session 变量，以备使用。

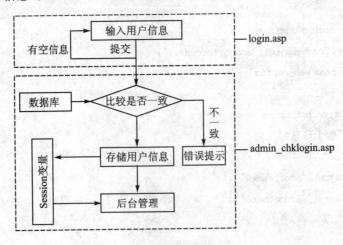

图 7-8　登录系统原理图

表单网页 login.asp 代码如下：

```
< form method = "post" action = "Admin_ChkLogin. asp" name = "admininfo" >
< TABLE id = table2 cellSpacing = 1 cellPadding = 0 width = "266" border = 0 >
    < TBODY >
        < TR >
            < TD align = middle width = 81 > < FONT color = #000000 > 用户名: < /FONT > < /TD >
            < TD width = "182" > < INPUT name = UserName type = text class = regtxt id = "UserName" title
= "请填写用户名" size = 22 maxLength = 30 > < /TD >
        < /TR >
        < TR >
            < TD align = middle width = 81 > < FONT
                    color = #000000 > 密   码: < /FONT > < /TD >
            < TD > < INPUT name = Password type = "password" class = regtxt ID = "Password" title = "请
填写密码" size = 22 maxLength = 30 > < /TD >
        < /TR >
        < TR >
            < TD align = middle width = 81 > < FONT color = #000000 > 验证码: < /FONT > < /TD >
            < TD > < INPUT name = CheckEwsCode type = text class = regtxt id = "CheckEwsCode" title = "
请填写后台目录" size = 13 maxLength = 25 >
                    < span class = "STYLE1" > < img src = "../inc/checkcode. asp"  alt = "验证码,看不清楚?
请点击刷新验证码" align = "absmiddle" style = "cursor: pointer;" onClick = "this. src ='../inc/check-
code. asp'" / > < /span > < /TD >
        < /TR >
    < /TBODY >
< /TABLE >
< /form >
```

信息处理网页 admin_chklogin. asp 代码如下:

```
< %
dim sql,rs
dim username,password,GetCode
username = replace(trim(request("username")),"","")
password = replace(trim(Request("password")),"","")
GetCode = replace(trim(Request("CheckEwsCode")),"","")
if UserName = "" then
    FoundErr = True
    ErrMsg = ErrMsg & " < br > < li > 用户名不能为空! < /li > "
end if
```

```
if Password = "" then
    FoundErr = True
    ErrMsg = ErrMsg & " < br > < li >密码不能为空! < /li > "
end if
if GetCode = "" then
    FoundErr = True
    ErrMsg = ErrMsg & " < br > < li >验证码不能为空! < /li > "
end if
if session("CheckEwsCode") = "" then
    FoundErr = True
    ErrMsg = ErrMsg & " < br > < li >你登录时间过长,请重新返回登录页面进行登录。 < /li > "
end if
if GetCode < > CStr(session("CheckEwsCode")) then
    FoundErr = True
    ErrMsg = ErrMsg & " < br > < li >您输入的确认码和系统产生的不一致,请重新输入。 < /li > "
end if
if FoundErr < > True then
    password = md5(password)
    set rs = server.createobject("adodb.recordset")
    sql = "select * from Manage_User where password = '"&password&"' and username = '"&username&"'"
    rs.open sql,conn,1,3
    if rs.bof and rs.eof then
        FoundErr = True
        ErrMsg = ErrMsg & " < br > < li >用户名或密码错误!!! < /li > "
    else
        if password < > rs("password") then
            FoundErr = True
            ErrMsg = ErrMsg & " < br > < li >用户名或密码错误!!! < /li > "
        else
            rs("LastLoginIP") = Request.ServerVariables("REMOTE_ADDR")
            rs("LastLoginTime") = now()
            rs("LoginTimes") = rs("LoginTimes") + 1
            rs.update
            session.Timeout = 120
            session("ewsName") = rs("username")
            session("max") = rs("max")
            session("user_rights") = rs("rights")
```

```
            session("lock") = rs("lock")
            session("Aleave") = "check"
            rs.close
            set rs = nothing
            Response.Redirect "Manage_newsmain.asp"
        end if
    end if
    rs.close
    set rs = nothing
end if
%>
```

7.3.6　后台信息列表页面

后台信息列表页为 Manage_news.asp，以全部栏目管理员身份登录后的界面如图 7 - 9 所示。

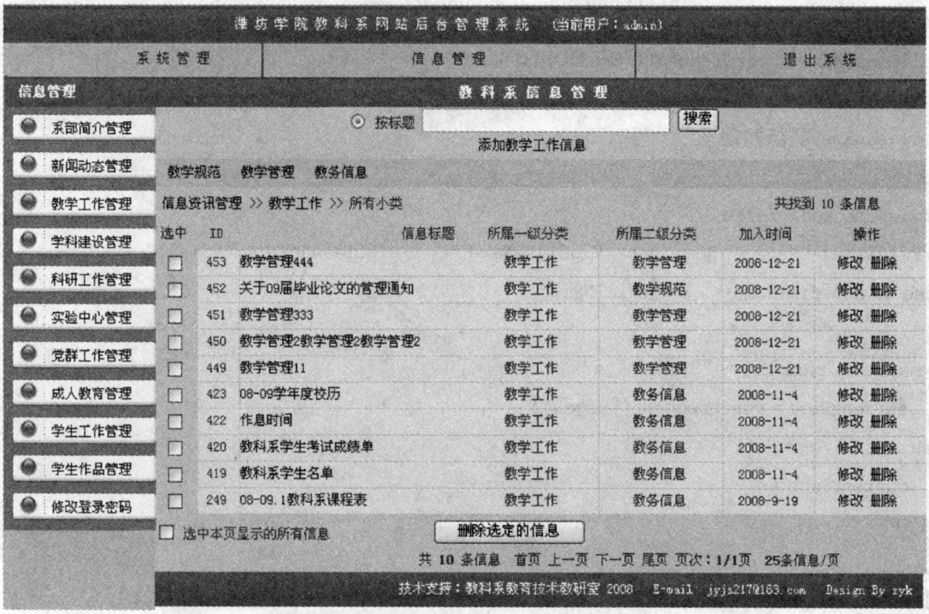

图 7 - 9　后台信息列表页面 manage_news.asp

页面分左、右两部分。左边为一级栏目管理列表，单击某个一级项目时，右边列出该一级栏目下的二级栏目列表及信息列表。当单击右边某二级栏目时，则列出该二级栏目的信息。manage_news.asp 页面的代码如下：

```
< meta http - equiv = "Content - Type" content = "text/html; charset = gb2312" >
<! -- # include file = "conn. asp" -- >
<! -- # include file = "admin. asp" -- >
<! -- # include file = "Inc/Function. asp" -- >
< %
dim strFileName
const MaxPerPage = 25
dim totalPut,CurrentPage,TotalPages
dim i,j
dim ArticleID
dim Title
dim sql,rs
dim BigClassName,SmallClassName,SpecialName
dim PurviewChecked
dim strAdmin,arrAdmin

BigClassName = Trim(request("BigClassName"))
SmallClassName = Trim(request("SmallClassName"))
if bigclassname = "" then
bigclassname = "新闻动态"
end if
PurviewChecked = false
strFileName = "Manage_News. asp? BigClassName = " & BigClassName & "&SmallClassName = " & Small-
ClassName & "&SpecialName = " & SpecialName

if request("page") < >"" then
    currentPage = cint(request("page"))
else
    currentPage = 1
end if

sql = "select * from news "
if BigClassName < >"" then
    sql = sql & "where BigClassName ='" & BigClassName & "' "
    if SmallClassName < >"" then
        sql = sql & " and SmallClassName ='" & SmallClassName & "' "
    end if
```

```
end if
sql = sql & " order by ID desc"
Set rs = Server.CreateObject("ADODB.Recordset")
rs.open sql,conn,1,1
%>
<SCRIPT language = Javascript>
function unselectall()
{
    if(document.del.chkAll.checked){
    document.del.chkAll.checked = document.del.chkAll.checked&0;
    }
}


function CheckAll(form)
  {
  for (var i = 0;i < form.elements.length;i++)
    {
    var e = form.elements[i];
    if (e.Name ! = "chkAll")
       e.checked = form.chkAll.checked;
    }
  }
function ConfirmDel()
{
    if(confirm("确定要删除选中的信息吗？一旦删除将不能恢复!"))
      return true;
    else
      return false;

}

</SCRIPT>
<! -- #include file = "Inc/Head.asp" -- >
< table width = "100 % " height = "100 % " border = "0" cellpadding = "0" cellspacing = "0" >
  < tr >
    < td width = "98" align = "center" valign = "top" bgcolor = " # A0CCD8" >
    <! -- #include file = "info_left.asp" -- >
```

```
    </td >
    < td width = "895" align = "center" valign = "top" > < table width = "100 %" height = "0"
border = "0" cellpadding = "5" cellspacing = "0" >
        < tr >
            < td height = "24" background = "image/usercenter_3. jpg" >                         < div align = "
center" > < font color = " ♯FFFFFF" > < strong > 教科系信息管理 </strong > </font > </div > </
td >
        </tr >
    </table >
    < table width = "100 %" border = "0" cellpadding = "0" cellspacing = "0" class = "border" >
        < tr class = "tdbg" >
            < form name = "form1" method = "post" action = "search. asp? bigclassname = < % = big-
classname % > " >
                < td width = "100 %" align = "center" bgcolor = " ♯C2DAE1" > < input type = "radio"
value = "1" name = "select" checked >
            按标题
            < input type = "text" name = "keyword" class = "form" size = "30" >
            < input type = "submit" value = "搜索" name = "B1" >

                </td >
            </form >
        </tr >
        < tr > < td width = "100 %" bgcolor = " ♯C2DAE1" align = "center" height = "25" > < ta-
ble class = "border" > < tr class = "title" > < td align = "center" >
    < % call add_info() % > </td > </tr >
    </table >
    < table width = "100 %" border = "0" align = "center" cellpadding = "5" cellspacing = "1"
class = "border" >
        < %
    if BigClassName < > "" then
        sqlSmallClass = "select * from SmallClass_new where BigClassName =" & BigClassName & ""
        Set rsSmallClass = Server. CreateObject("ADODB. Recordset")
        rsSmallClass. open sqlSmallClass,conn,1,1
        if not (rsSmallClass. bof and rsSmallClass. eof) then
            response. write " < tr class ='tdbg'> < td bgcolor ='♯C0C0C0'> "
            do while not rsSmallClass. eof
                if rsSmallClass("SmallClassName") = SmallClassName then
```

```
                response.Write("  < a href ='Manage_News.asp? BigClassName = " & rsSmall-
Class("BigClassName") & "&SmallClassName = " & rsSmallClass("SmallClassName") & "'> < font color = '
red'>" & rsSmallClass("SmallClassName") & " </font > </a >   ")
            else
                response.Write("  < a href ='Manage_News.asp? BigClassName = " & rsSmall-
Class("BigClassName") & "&SmallClassName = " & rsSmallClass("SmallClassName") & "'> " & rsSmallClass
("SmallClassName") & " </a >   ")
            end if
            rsSmallClass.movenext
        loop
        response.write " </td > </tr >"
    end if
    rsSmallClass.close
    set rsSmallClass = nothing
  end if
  % >
        </table >
        < table width = "100 %" border = "0" cellpadding = "0" cellspacing = "1" >
        < form name = "del" method = "Post" action = "News_Del.asp" onsubmit = "return Confirm-
Del();" >
            < tr >
            < td height = "25" bgcolor = "#C2DAE1" > < a href = "Manage_News.asp" >  信息
资讯管理 </a >
                &gt;&gt;
                < %
if request.querystring = "" then
    response.write "所有信息"
else
    if request("Query") < >"" then
        if Title < >"" then
            response.write "名称中含有" < font color = blue > " & Title & " </font > "的信息"
        else
            response.Write("所有信息")
        end if
    else
        if BigClassName < >"" then
            response.write " < a href ='Manage_News.asp? BigClassName = " & BigClassName & "'> "
```

```
& BigClassName & " < /a >  &gt;&gt; "
                if SmallClassName < >"" then
                        response. write " < a href ='Manage_News. asp? BigClassName = " & BigClassName & "
&SmallClassName = " & SmallClassName & "'> " & SmallClassName & " < /a > "
                else
                        response. write "所有小类"
                end if
            end if
        end if
    end if
    % > < /td >
                < td width = "150" bgcolor = " # C2DAE1" >  
                < %
        if rs. eof and rs. bof then
        response. write "共找到 0  条信息 < /td > < /tr > < /table >"
        else
            totalPut = rs. recordcount
            if currentpage < 1 then
                currentpage = 1
            end if
            if (currentpage - 1) * MaxPerPage > totalput then
                if (totalPut mod MaxPerPage) = 0 then
                    currentpage = totalPut \ MaxPerPage
                else
                    currentpage = totalPut \ MaxPerPage + 1
                end if
            end if
            response. Write "共找到 " & totalPut & " 条信息"
    % > < /td >
            < /tr >
        < /table >
        < %
        if currentPage = 1 then
            showContent
            showpage strFileName,totalput,MaxPerPage,true,false,"条信息"
            else
                if (currentPage - 1) * MaxPerPage < totalPut then
```

```
                rs.move　(currentPage − 1) * MaxPerPage
                  dim bookmark
                    bookmark = rs.bookmark
                  showContent
                  showpage strFileName,totalput,MaxPerPage,true,false,"条信息"
              else
                  currentPage = 1
                    showContent
                    showpage strFileName,totalput,MaxPerPage,true,false,"条信息"
              end if
          end if
    % >
          < %
sub showContent
      dim i
    i = 0
% >
        < table class = "border" border = "0" cellspacing = "1" width = "100 %" cellpadding = "0"
style = "word − break:break − all" >
            < tr bgcolor = " # C2DAE1" class = "title" >
            < td width = "34" height = "25" align = "center" bgcolor = " # C2DAE1" > 选中 < /td >
            < td width = "35"　 height = "25" align = "center" bgcolor = " # C2DAE1" > ID < /td >
            < td width = "339" align = "center" bgcolor = " # C2DAE1" > 信息标题 < /td >
            < td width = "112" align = "center" > 所属一级分类 < /td >
            < td width = "105" align = "center" > 所属二级分类 < /td >
            < td width = "78" align = "center" > 加入时间 < /td >
            < td width = "97" align = "center" > 操作 < /td >
          < /tr >
        < % do while not rs.eof % >
        < tr bgcolor = " # EFEEE9" onMouseOver = this.bgColor ='# ffffff' onmouseout = this.
bgColor ='# EFEEE9'>
              < td width = "34" height = "22" align = "center" bgcolor = " # C2DAE1" > < div align
= "center" >
            < input name =' ID' type = 'checkbox' onClick = "unselectall()" ID = "ID" value ='
< % = cstr(rs("ID")) % >'>
            < /div > < /td >
```

```
        < td width = "35" align = "center" > < % = rs("ID") % > < /td >
        < td > < a href = "../Article.asp? ID = < % = rs("ID") % > " target = "_blank" ti-
tle = " < % = rs("title") % > " > < % if rs("Pic") = "Yes" then response.write(" < font color = red >
[图] < /font > ") % > < % = left(rs("title"),25) % > < /a > < /td >
        < td > < div align = "center" > < % = rs("BigClassName") % > < /div > < /td >
        < td > < div align = "center" > < % = rs("SmallClassName") % > < /div > < /td >
        < td align = "center" > < % = year(rs("infotime")) % > - < % = month(rs("info-
time")) % > - < % = day(rs("infotime")) % > < /td >
        < td width = "97" align = "center" >
        < %call info_edit() % >
        < %call man_rdel("admin_infodel.asp? id = "&rs("id")&"&Action = Del","删除","In-
fo_allMan") % >
        < /td >
      < /tr >
      < %
    i = i + 1
      if i > = MaxPerPage then exit do
      rs.movenext
    loop
% >
      < /table >
      < table width = "100 %" border = "0" cellpadding = "0" cellspacing = "0" >
      < tr >
        < td width = "250" height = "30" > < input name = "chkAll" type = "checkbox" ID = "ch-
kAll" onclick = CheckAll(this.form) value = "checkbox" >
        选中本页显示的所有信息 < /td >
      < td > < %call man_r4("submit","删除选定的信息","Submit","","Info_allMan") % >
        < input name = "Action" type = "hidden" ID = "Action" value = "Del" > < /td >
      < /tr >
    < /form >
    < /table >
      < %
    end sub
% >
      < /td >
    < /tr >
  < /table >
```

```
<! -- #include file = "Inc/Foot.asp" -- >
< %
rs.close
set rs = nothing
% >
```

7.3.7 添加信息页面

添加页面由表单页面 admin_addinfo.asp 和处理提交信息 addinfo_ok.asp 构成。表单页面 admin_addinfo.asp 效果如图 7 - 10 所示，添加信息提交后，由处理提交信息 addinfo_ok. asp 接收信息并写入数据库。

图 7 - 10 中"内容"部分使用了 eWebEditor 在线 HTML 编辑器，它是一种基于浏览器的编辑器，能够在网页上实现许多桌面编辑软件所具有的强大编辑功能。

addinfo_ok. asp 页面代码如下：

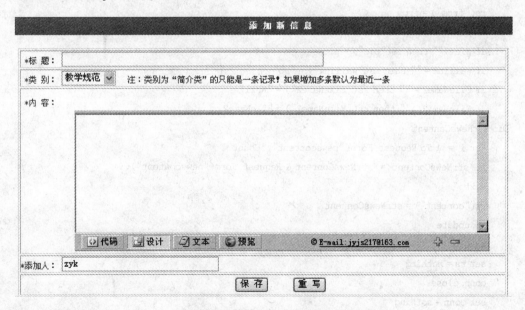

图 7 - 10 添加信息页面 admin_addinfo. asp 效果图

```
<! -- #include file = "conn. asp" -- >
<! -- #include file = "admin. asp" -- >
< %
title = request("title")
BigClassName = request("BigClassName")
SmallClassName = request("SmallClassName")
```

```
wailink = request("wailink")
author = request("author")
from = request("from")
pic = request("pic")
FileName2 = request("FileName2")
    ⋮
    set rs = server.createobject("adodb.recordset")
    sql = "select * from NEWS where (ID is null)"
    rs.open sql,conn,1,3
    rs.addnew
    rs("title") = title
    rs("BigClassName") = BigClassName
    rs("SmallClassName") = SmallClassName
    rs("author") = author
    rs("from") = from
    if pic = "" then rs("pic") = "No"
    if pic<>"" then rs("pic") = pic
    if wailink = "" then rs("wailink") = "No"
    if FileName2 = "" then rs("FileName2") = "Null"
    if FileName2<>"" then rs("FileName2") = FileName2
Dim strNewsContent
    For i = 1 To Request.Form("newscontent").Count
        strNewsContent = strNewsContent & Request.Form("newscontent")(i)
    Next
    rs("content") = strNewsContent
    rs.update
    rs.close
    set rs = nothing
    conn.close
    set conn = nothing
    response.write "<script language ='Javascript'>" & chr(13)
    response.write "alert('信息提交成功！');" & Chr(13)
    response.write " window.document.location.href = ' manage _ news.asp? bigclassname = "
&bigclassname&"';"&Chr(13)
    response.write "</script>" & Chr(13)
    Response.End
    rsClassNum.close
```

```
%〉
```

7.3.8 信息修改页面

admin_infomodi.asp 是信息修改页面,在后台信息列表页面 Manage_news.asp 中,单击某一条信息对应的"编辑"时,便链接到该页面,并传递该条信息的 ID 字段参数。在 admin_infomodi.asp 中,接收 ID 参数,且根据参数从数据库中查询出该条信息,并在表中显示,如图 7-11 所示。

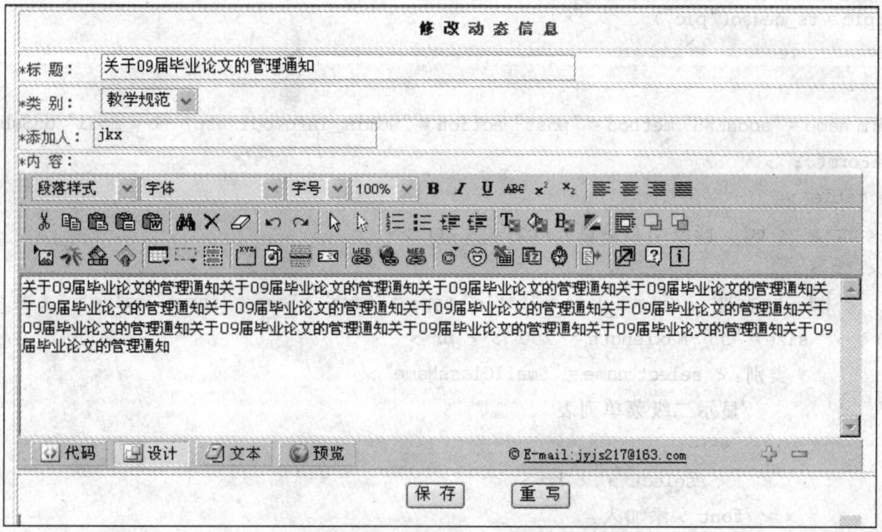

图 7-11　信息修改页面 admin_infomodi.asp

信息修改页面 admin_infomodi.asp 主要代码如下:

⋮

```
<%
if request("no") = "modi" then
'如果提交了信息,则会接接收信息并写入数据库
newsid = request("newsid")
title = request("title")

BigClassName = request("BigClassName")
SmallClassName = request("SmallClassName")
author = request("author")
```

⋮

```
<%
```

```
        Else
    '如果未提交信息,则会根据接受的 ID 参数找出该信息,并放在表单中
        newsid = request("id")
        Set rs_newso = Server.CreateObject("ADODB.RecordSet")
        sql = "select * from News where ID = "&newsid
        rs_newso.Open sql,conn,1,1
        if rs_newso.eof and rs_newso.bof then
        response.Write("没有记录")
        else
        uptoppic = rs_newso("pic")
        % >
          ⋮

    < form name = "addNEWS" method = "post" action = "admin_infomodi.asp? no = modi" onSubmit = "re-
turn CheckForm();" >
        < table >
        < tr >  < td >修改动态信息 </td >  </tr >
        < tr >
          < td > * 标题:< input name = "title" type = "text" class = "input" value = " < % = rs_newso
("title") % > " size = "53" maxlength = "200" > < br >
                * 类别:< select name = "SmallClassName" >
                    '显示二级菜单列表
                      ……
                      </select >  < br >
                * </font >添加人:
                  < input name = "author" type = "text" class = "input" ID = "author3" value = " < % =
rs_newso("author") % > " size = "31" maxlength = "50"  > < br >
                  * </font >内容:< br >
                  < input type = "hidden" name = "newscontent" value = " < %  = Server.HtmlEncode(rs_
newso("content")) % > " / >
                  < iframe ID = "newscontent" src = "htmledit/ewebeditor.asp? ID = newscontent&amp;
style = standard&savefilename = FileName" frameborder = "0" scrolling = "No" width = "90 % " height = "
400" > < br >
                  </iframe >
                  < input type = "submit" name = "Submit" value = "保存" class = "input" >
                  < input type = "hidden" name = "newsId" value = " < % = newsId % > " >
                  < input type = "hidden" name = "bigclassname" value = " < % = rs_newso("bigclass-
name") % > " >
                  < input type = "reset" name = "Submit2" value = "重写" class = "input" > < br >

    < % End If
```

```
rs_newso.close
set rs_newso = nothing
% >
        </td>
        </tr>
    </table>
</form>
⋮
```

修改信息后提交,由 admin_infomodi.asp 自身接收信息并将信息写入数据库。由于表单输入部分和信息提交部分均由该页实现,因此,表单的 action 方法指定了 admin_infomodi.asp 后,同时传递参数 no,以区分是否提交了信息。

7.3.9　删除信息页面

Admin_infodel.asp 为删除信息页面。在后台信息列表页面 Manage_news.asp 中单击某一条信息对应的"删除"时,链接到该页面,并传递该条信息的 ID 字段参数。删除信息页面 Admin_infodel.asp 根据接收的 ID 参数确定该条信息对应的数据库记录,将其删除,代码如下:

```
<! -- # include file = "Conn.asp" -- >
<! -- # include file = "admin.asp" -- >
< %
ID = trim(request("ID"))
Set rs = Server.CreateObject("ADODB.Recordset")
sql1 = "select * from news where ID = "&ID
rs.open sql1,conn,1,1
bigclassname = rs("bigclassname")
sql = "delete * from NEWS where ID = "&ID
conn.Execute sql
response.write " < script language ='Javascript'> " & chr(13)
        response.write "alert('成功删除!');" & Chr(13)
        response.write " </script > " & Chr(13)
        response.redirect "Manage_News.asp? bigclassname = "&bigclassname
Response.End
% >
```

7.3.10　栏目管理

超级管理员登录后,可以管理网站一、二级栏目,如图 7-12 所示。一、二级栏目名称分别存于 bigclass_new 和 smallclass_new 中(见表 7-1),添加一级栏目时,只向 bigclass_new 表中添加栏目名称即可,为某一级栏目添加二级栏目时,需确定二级栏目的名称,链接地址以及栏目类型,如图 7-13 所示。

新 闻 类 别 设 置				
添加信息一级分类				
栏目名称		栏目类别	外链接	操作选项
⊞ 48 系部简介				添加二级分类 | 修改 | 删除
⊟ 150 组织机构	↑↓ 当前排序:(57)	简介类	No	修改 | 删除
⊟ 149 系部简介	↑↓ 当前排序:(58)	简介类	No	修改 | 删除
⊟ 151 现任领导	↑↓ 当前排序:(61)	简介类	No	修改 | 删除
⊞ 51 学科建设				添加二级分类 | 修改 | 删除
⊟ 152 专业设置	↑↓ 当前排序:(82)	简介类	No	修改 | 删除
⊟ 154 重点学科	↑↓ 当前排序:(56)	简介类	No	修改 | 删除
⊟ 155 课程建设	↑↓ 当前排序:(83)	简介类	No	修改 | 删除
⊞ 52 教学工作				添加二级分类 | 修改 | 删除
⊟ 156 教学规范	↑↓ 当前排序:(84)	信息类	No	修改 | 删除
⊟ 157 教学管理	↑↓ 当前排序:(65)	信息类	No	修改 | 删除
⊟ 158 教务信息	↑↓ 当前排序:(73)	信息类	No	修改 | 删除
⊞ 63 科研工作				添加二级分类 | 修改 | 删除
⊟ 161 学术梯队	↑↓ 当前排序:(59)	简介类	No	修改 | 删除
⊟ 159 科研动态	↑↓ 当前排序:(60)	信息类	No	修改 | 删除
⊟ 160 科研立项	↑↓ 当前排序:(60)	信息类	No	修改 | 删除
⊟ 162 科研管理办法	↑↓ 当前排序:(71)	简介类	No	修改 | 删除

图 7-12 管理网站栏目

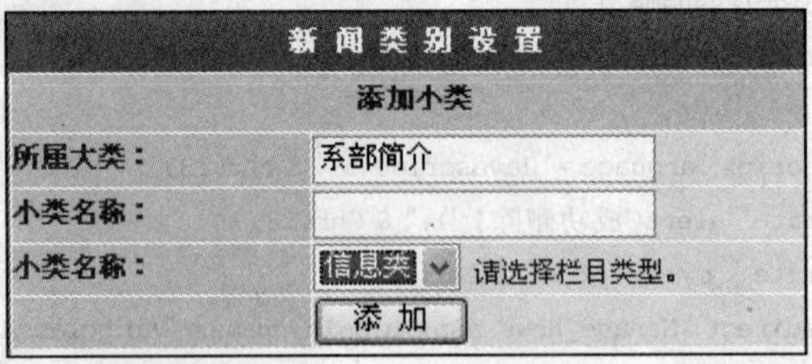

新 闻 类 别 设 置
添加小类
所属大类: 系部简介
小类名称:
小类名称: 信息类 ▾ 请选择栏目类型。
添加

图 7-13 添加二级栏目页面

7.3.11 管理员及其他管理

超级管理员登录以后,可以进行管理员和友情链接等管理,这些管理的基本原理与 7.3.8

小节中栏目的管理相似,都是通过表单输入信息,提交后将信息写入相关数据表。其中管理员管理功能包括添加、删除管理员和修改管理员的密码等。由于一般管理员对不同栏目的管理权限是通过管理员的权限字符来控制的,因此,管理员的权限管理也是管理员管理的重要功能,如图 7 - 14 所示为管理员的权限编辑页面。

设置权限

用户[jiaoxue]权限设置:

系 统 管 理	信 息 管 理

系统管理:
- 网站初始信息: ☐
- 管理员管理: ☐
- 修改登录密码: ☑
- 友情链接管理: ☐ 查看　☐ 管理
- 上传文件管理: ☐
- 数据库备份: ☐
- 查看空间使用: ☐
- 系统帮助: ☐
- 管理信息类别: ☐ 查看　☐ 管理　☐ 添加一级类　☐ 添加二级类

信息管理:
- 系部简介管理: ☐ 添加信息: ☐ 查看　☐ 管理
- 新闻动态管理: ☑ 添加信息: ☑ 查看　☑ 管理
- 教学工作管理: ☑ 添加信息: ☑ 查看　☑ 管理
- 学科建设管理: ☐ 添加信息: ☐ 查看　☐ 管理
- 科研工作管理: ☐ 添加信息: ☐ 查看　☐ 管理
- 实验中心管理: ☐ 添加信息: ☐ 查看　☐ 管理
- 党群工作管理: ☐ 添加信息: ☐ 查看　☐ 管理
- 成人教育管理: ☐ 添加信息: ☐ 查看　☐ 管理
- 学生工作管理: ☐ 添加信息: ☐ 查看　☐ 管理
- 学生作品管理: ☐ 添加信息: ☐ 查看　☐ 管理

☐ 全选　　提交权限信息

图 7 - 14　管理员的权限编辑页面

管理员的权限编辑功能由权限编辑表单页面 user_rights. asp 和权限提交页面 user_rights_ok. asp 构成。打开某一管理员的权限编辑表单页面时,根据用户的 ID 确定其管理权限,并将其显示在表单中,例如图 7 - 14 中 jiaoxue 管理员具有管理新闻动态和教学工作的管理权限。当增加其他项权限并提交信息时,由 user_rights_ok. asp 将提交的每一项权限字符(如"教学工作管理"权限用字符"Info_allShow_teaching"表示,"学生工作管理"权限用"Info_allShow_stu"表示)写入该用户数据表 manage_user 中。而在管理项目列表中,程序将根据 manage_user 数据表中的权限字符自动将对应的项目显示出来。

权限提交页面 user_rights_ok. asp 的代码如下:

```
<! -- # include file = "conn. asp" -- >
<! -- # include file = "admin. asp" -- >
< %
dim user_ID,man_level
user_ID = request.form("selected_user_ID")    '接收管理员的 ID 号,以确定其权限
for each level in request.form("rights")       '接收提交的每一项权限字符,逐一写到变量 man_level 中
    man_level = man_level&level&"||"
next
```

```
set rs = server.createobject("adodb.recordset")
sql = "select * from Manage_User where ID = "&user_ID
rs.open sql,conn,1,3
if not rs.eof then
    rs("rights") = man_level              '将权限写入管理员对应的记录中
    session("ews_u_rights") = man_level
    rs.update
    rs.close
    set rs = nothing
    response.write"< Script > alert('权限设置成功');history.back();</Script >"
    response.end
end if
%>
```

7.4　难点和重点分析

7.4.1　参数的传递

本网站的一大特色是用尽量少的网页实现多类网页的显示,这主要是依靠参数的传递。本实践中的参数传递主要归纳为以下几种情况:

1. 一级栏目名称作参数

当要显示二级栏目时,需要传递一级栏目名称参数,在目标网页中,根据一级栏目名称从 smallclass_new 表中查询出二级栏目列表。例如,在前台网页 info.asp 及后台网页 manage_news.asp 中显示二级栏目信息时,均需要传递该一级栏目名称作参数。

2. 二级栏目名称作参数

当显示某二级栏目下的信息时,需要传递二级栏目名称参数。例如,在 Info.asp 和 manage_news.asp 中单击某二级栏目时,需要传递二级栏目作参数。

3. 传递特定信息记录的 ID 参数

当要对某一特定记录进行操作时,链接到目标网页的同时要传递该条信息的 ID 参数。例如,在编辑或删除某一条信息,或编辑某位管理员的管理权限时,都要传递 ID 参数。

7.4.2　Info.asp 自动显示不同的栏目信息

网站中"简介类"、"信息类"和"图片类"三类二级栏目信息的显示是用不同的函数实现的。每一个二级栏目都有特定的类型值,分别是"简介类"、"信息类"和"图片类",显示二级栏目信息时,首先从数据库中获取其二级栏目的类型(conclass 字段值),再根据类型调用不同的函数,简介类栏目调用 showContent()函数,信息类栏目调用 showInfoTitle()函数,图片类栏目调用 showPic()函数和 showPicTitle()函数。整个过程用 select case 语句实现。

其结构为:

```
Select Case conclass
    Case "图片类"
        ⋮
        call showPic(100,80)
showPicTitle()
        ⋮
    Case "简介类"
        ⋮
        call showContent
        ⋮
    case else
        ⋮
            call showInfoTitle
        ⋮
    end select
```

7.4.3　实现不同层次的管理员管理不同的页面

一般管理员登录后只能看到某一个或几个栏目的管理信息,全部栏目管理员登录后能看到所有栏目的管理信息,超级管理员登录后还可以看系统管理页面,如网站初始化信息、管理员管理、友情链接管理、数据库备份等。

不同层次的管理员登录后会面对不同的管理信息,其原理如下:

首先,每一栏目用一具体的权限字符表示。例如,"教学工作管理"栏目用"Info_allShow_teaching"表示;"学生工作管理"栏目用"Info_allShow_stu"表示。然后,将每一类管理员管理栏目的权限字符写入数据表 Manage_User 中,登录后将其存入权限变量。最后,在显示某一栏目时,检查权限变量中是否包含该栏目的权限字符,如果有,则表示该管理员有管理该栏目的权限,那么显示该栏目信息;如果权限变量中不包含该栏目的权限字符,则不显示该栏目。

检查权限变量中是否包含某权限字符,用函数 sub man_r2(url,name,value)实现,代码如下:

```
Sub sub man_r2(url,name,value)
if instr(unit_right,value) > 0 then
        response.Write ( " < A HREF = """"&url&""" > "&name&" < /A > ")
```

```
            end if
        end sub
```

其中，unit_right 为权限变量；value 为存储某一栏目权限字符的变量。

以是否显示"教学工作管理"栏目为例，调用 man_r2(url,name,value)函数的语句如下：

```
< % call man_r2("Manage_news.asp? bigclassname = 教学工作","教学工作管理","Info_allShow_
teaching") % >
```

小　结

本章的重点是理解网站的系统设计和数据库设计，并在此基础上理解整个网站程序。书中只给出了重点程序的解释和代码，读者只有阅读全部的程序代码，才能深入理解网站的基本原理和各网页间的关系。本章所设计的网站是一个综合性较强的网站，其功能基本涵盖了ASP 程序设计的全部知识。对该实践内容的深入理解，将非常有益于综合实践能力的提高。

习题 7

1. 网站设计与开发的步骤是什么？
2. 开发一个完整的网站时，应如何连接数据库？
3. 当网页的某个栏目内容或相似内容需要重复多次显示时，应如何实现？
4. 如何实现用一个 ASP 程序显示多个不同的栏目页？本网站是如何实现的？
5. 网站的前台程序和后台程序是怎样的关系？
6. 画出本网站前台和后台的文件关系图，理解该网站的原理。

附录 A　VBScript 常用函数

表 A-1　VBSscript 常用函数表

函数名称	描　　述
Abs	返回一个数的绝对值,如 Abs(−1) 和 Abs(1) 都返回 1
Array	返回一个 Variant 值,其中包含一个数组
Asc	返回与字符串中首字母相关的 ANSI 字符编码
Atn	返回一个数的反正切值
CBool	返回一个表达式,该表达式已被转换为 Boolean 子类型的 Variant
CByte	返回一个表达式,该表达式已被转换为 Byte 子类型的 Variant
CCur	返回一个表达式,该表达式已被转换为 Currency 子类型的 Variant
CDate	返回一个表达式,该表达式已被转换为 Date 子类型的 Variant
CDbl	返回一个表达式,该表达式已被转换为 Double 子类型的 Variant
Chr	返回与所指定的 ANSI 字符编码相关的字符
CInt	返回一个表达式,该表达式已被转换为 Integer 子类型的 Variant
CLng	返回一个表达式,该表达式已被转换为 Long 子类型的 Variant
Cos	返回一个角度的余弦值
CreateObject	创建并返回对 Automation 对象的一个引用
CSng	返回一个表达式,该表达式已被转换为 Single 子类型的 Variant
CStr	返回一个表达式,该表达式已被转换为 String 子类型的 Variant
Date	返回当前的系统日期
DateAdd	返回已加上所指定时间后的日期值
DateDiff	返回两个日期之间所隔的天数
DatePart	返回一个给定日期的指定部分
DateSerial	返回所指定的年月日的 Date 子类型的 Variant
DateValue	返回一个 Date 子类型的 Variant
Day	返回一个 1~31 之间的整数,包括 1 和 31,代表一个月中的日期值
Eval	计算一个表达式的值并返回结果

函数名称	描　述
Exp	返回 e(自然对数的底)的乘方
Filter	返回一个从零开始编号的数组,包含一个字符串数组中符合指定过滤标准的子集
Fix	返回一个数的整数部分
FormatCurrency	返回一个具有货币值格式的表达式,使用系统控制面板中所定义的货币符号
FormatDateTime	返回一个具有日期或时间格式的表达式
FormatNumber	返回一个具有数字格式的表达式
FormatPercent	返回一个被格式化为尾随一个%字符的百分比(乘以 100)表达式
GetLocale	返回当前的区域 ID 值
GetObject	从文件中返回一个 Automation 对象的引用
GetRef	返回一个过程的引用,该引用可以绑定到一个事件
Hex	返回一个字符串,代表一个数的十六进制值
Hour	返回一个 0~23 之间的整数,包括 0 和 23,代表一天中的小时值
InputBox	在一个对话框中显示提示信息,等待用户输入文本或单击按钮,并返回文本框中的内容
InStr	返回一个字符串在另一个字符串中首次出现的位置
InStrRev	返回一个字符串在另一个字符串中出现的位置,从字符串尾开始计算
Int	返回一个数的整数部分
IsArray	返回一个布尔值,指明一个变量是否为数组
IsDate	返回一个布尔值,指明表达式是否可转换为一个日期
IsEmpty	返回一个布尔值,指明变量是否已进行初始化
IsNull	返回一个布尔值,指明一个表达式是否包含非有效数据(Null)
IsNumeric	返回一个布尔值,指明一个表达式是否可计算出数值
IsObject	返回一个布尔值,指明一个表达式是否引用一个有效的 Automation 对象
Join	返回一个字符串,该字符串由一个数组中所包含的子字符串连接而成
LBound	返回数组的指定维上最小可用的下标
LCase	返回一个已转换为小写的字符串
Left	返回字符串左端的指定数量的字符
Len	返回一个字符串中的字符数或存储一个变量所需的字节数
LoadPicture	返回一个图片对象。仅在 32 位平台上可用
Log	返回一个数的自然对数值

续表 A-1

函数名称	描 述
LTrim	返回一个已删除串首空格的复制字符串
Mid	返回在一个字符串中指定数量的字符
Minute	返回 0～59 之间的一个整数,包括 0 和 59,代表一个小时中的分钟值
Month	返回 0～12 之间的一个整数,包括 0 和 12,代表一年中的月份值
MonthName	返回一个字符串,指明所指定的月份
MsgBox	在对话框中显示一条消息,等待用户单击某个按钮,并返回一个值,该值指明用户单击的是哪个按钮
Now	返回与计算机的系统日期和时间相对应的当前日期和时间
Oct	返回一个字符串,代表一个数的八进制值
Replace	返回一个字符串,其中指定的子字符串已被另一个子字符串替换了指定的次数
RGB	返回一个代表 RGB 颜色值的整数
Right	返回字符串中从右端开始计的指定数量的字符
Rnd	返回一个随机数
Round	返回一个数,该数已被舍入为小数点后指定位数
RTrim	返回一个复制的字符串,其中已删除结尾的空格
Second	返回一个 0～59 之间的整数,包括 0 和 59,代表一分钟内的多少秒
Sgn	返回一个整数,指明一个数的正负
Sin	返回一个角度的正弦值
Space	返回一个由指定数量的空格组成的字符串
Split	返回一个从零开始编号的一维数组,其中包含指定数量的字符串
Sqr	返回一个数的平方根
StrComp	返回一个值,指明字符串比较的结果
String	返回一个指定长度的重复字符串
StrReverse	返回一个字符串,其中指定字符串中的字符顺序颠倒过来
Tan	返回一个角度的正切值
Time	返回一个子类型为 Date 的 Variant,指明当前的系统时间
Timer	返回 12:00AM(午夜)后已经过的秒数
TimeSerial	返回一个子类型为 Date 的 Variant,包含特定时分秒的时间

函数名称	描　述
TimeValue	返回一个子类型为 Date 的 Variant，包含时间
Trim	返回一个复制的字符串，其中已删除串首和串尾的空格
TypeName	返回一个字符串，其中提供了一个变量的 Variant 子类型信息
UBound	返回一个数字的指定维上可用的最大下标
UCase	返回一个已转换为大写的字符串
VarType	返回一个值，指明一个变量的子类型
Weekday	返回一个整数，代表一周中的第几天
WeekdayName	返回一个字符串，指明所指定的是星期几
Year	返回一个代表年份的整数

附录 B ASP 编写过程中的常见问题

下面是 ASP 学习中常见的问题，理解这些问题，将会对深入理解 ASP 的原理起到辅助作用。

1. ASP 是一种编程语言吗？

答：ASP 不是编程语言，而是一种开发环境。ASP 提供了一个在服务器端执行指令的环境，它利用了特殊的符号()来区分 HTML 与必须经过服务器翻译才能送往客户端的命令。它可以执行的指令包括 HTML 语言、Microsoft VBScript 和 Microsoft Javascript 等，因此可以制作出功能强大的 Web 应用程序。

2. 在 Web 服务器上容纳多个 Web 站点，能使用 PWS 吗？

答：在 PWS 上只能容纳一个 Web 站点。为了在相同的计算机上容纳多个 Web 站点，需要使用 Windows NT Server 或 Windows 2000 Server/Professional 和 IIS。

3. 如何使用 6 个内置 ASP 对象？

答：ASP 提供了多个内嵌对象，无须建立就可以在指令中直接访问和使用它们，这 6 个对象主要有：请求（Request）对象、响应（Response）对象、工作阶段（Session）对象、应用程序（Application）对象、服务器（Server）对象、Cookies 对象，这 6 个对象中的服务器（Server）对象可加载其他组件，这可以扩展 ASP 的功能。

使用 Server.CreateObject 所建立的对象，它的生命周期在它建立时开始，在它所在的网页程序结束时结束。如果想要让该对象跨网页使用，则可以用 Session 对象来记录 Server.CreateObject 所建立的对象。

4. 为什么在使用 Response.Redirect 时出现以下错误："标题错误，已将 HTTP 标题写入用户端浏览器，对任何 HTTP 的标题所作的修改必须在写入页内容之前"？

答：Response.Redirect 可以将网页转移至另外的网页上，使用的语法结构是这样的：Response.Redirect 网址，其中网址可以是相对地址或绝对地址，但 II S4.0 使用与 IIS 5.0 使用有所不同。

IIS 4.0 转移网页必须在任何数据都未输出至客户端浏览器之前进行，否则会发生错误。这里所谓的数据包括 HTML 的卷标，例如〈HTML〉，〈BODY〉等，而在 IIS 5.0 中已有所改进，在 IIS 5.0 的默认情况下缓冲区是开启的，这样的错误不再发生。

在 Response 对象中有一 Buffer 属性，该属性可以设置网站在处理 ASP 之后是否马上将数据传送到客户端，但设置该属性也必须在传送任何数据给客户端之前。

为保险起见，无论采用何种 ASP 运行平台，在页面的开始写上〈% Response.Buffer＝

True %〉,将缓冲区设置为开启,这样的错误就不会发生了。

5．缓冲输出对于网页传输是否有影响?

答:在比较大的 Web 页中,第一部分在浏览器中出现可能会有一些延迟,但是加载整个 Web 页的速度比不用缓冲要快。

6．在没有表单提交时查询字符串的值是否可以使用 Request. QueryString 集合?

答:Request 对象用于读取浏览器的数据,它除了可以读取表单字段的内容,还可以用来读取附带在网址后面的参数,无论请求字符串如何添加到链接地址中,对 Request 来说都没有什么不同。无论是使用 get 方法提交一个表单,还是跟随一个附加查询串的链接查询字符串中所有的值,都可以使用 Request. QueryString 集合。

7．若在 ASP 脚本中写了很多的注释,是否会影响服务器处理 ASP 文件的速度?

答:在编写程序的过程中,作注释是良好的习惯。经国外技术人员测试,带有过多注释的 ASP 文件整体性能仅仅会下降 0.1%,也就是说,在实际应用中基本上不会感觉到服务器性能下降。

8．是否需要在每个 ASP 文件的开头使用〈% @LANGUAGE=VBScript %〉?

答:在每个 ASP 文件的开头使用〈% @LANGUAGE=VBScript %〉代码是用来通知服务器现在使用 VBScript 来编写程序,但因为 ASP 的预设程序语言是 VBScript,因此忽略这样的代码也可以正常运行;但如果程序的脚本语言是 Javascrip,就需要在程序第一行指明所用的脚本语言。

9．是否有必要在每一个 ASP 文件中使用"Option Explicit"?

答:在实际应用中,VBScript 变量的概念已经模糊了,允许直接使用变量,而不用 Dim 声明变量,但这并不是一个好习惯,容易造成程序错误,因为可能重复定义一个变量。可以在程序中使用 Option Explicit 语句,这样在使用一个变量时,必须先声明它,如果使用了没有经过声明的变量,运行时,程序就会出错。

实践证明,ASP 文件中使用 Option Explicit 可以使得程序出错机会降到最少,并且会大大提升整体性能。

10．运行 ASP 文件时有什么安全措施?

答:ASP 提供了很好的代码保护机制,所有的 ASP 代码都在服务器端执行而只返回给客户端代码执行结果。但仍不排除恶意人士对 Web 服务器的刻意破坏,所以在编写 ASP 文件时更要注意安全问题。

虽然在 ASP 中引入文件以 inc 作为扩展名,在这里仍建议以 ASP 作为引入文件的扩展名。当这些代码在安全机制不好的 Web Server 上运行时,只需在地址栏上输入引入文件的地址(inc 为扩展名),就可以浏览该引入文件的内容,这是由于在 Web Server 上,如果没有定义好解析某类型(例如 inc)的动态连接库时,该文件以源码方式显示。

另外,不要把数据库文件放在网站结构内部,这样,当恶意人士获取数据库路径后,就可以

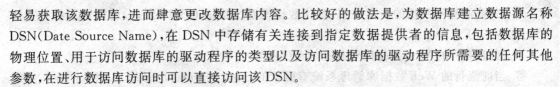

轻易获取该数据库,进而肆意更改数据库内容。比较好的做法是,为数据库建立数据源名称 DSN(Date Source Name),在 DSN 中存储有关连接到指定数据提供者的信息,包括数据库的物理位置、用于访问数据库的驱动程序的类型以及访问数据库的驱动程序所需要的任何其他参数,在进行数据库访问时可以直接访问该 DSN。

11. 评价 Web 数据库管理系统时,应该考虑哪些问题?

答:在评价一个 Web 数据库管理系统时,必须考虑到三方面的问题:多用户问题;所建立的 Web 数据库应该是关系型的;数据库的安全性问题。

12. ADO 是什么? 它是如何操作数据库的?

答:ADO 的全名是 ActiveX Data Object(ActiveX 数据对象),是一组优化的访问数据库的专用对象集,它为 ASP 提供了完整的站点数据库解决方案,作用在服务器端,提供含有数据库信息的主页内容,通过执行 SQL 命令,让用户在浏览器画面中输入、更新和删除站点数据库的信息。

ADO 主要包括 Connection、Recordset 和 Command 三个对象,它们的主要功能如下:

Connection 对象　　负责打开或连接数据库文件;

Recordset 对象　　存取数据库的内容;

Command 对象　　对数据库下达行动查询指令,以及执行 SQL Server 的存储过程。

13. 使用 Recordset 对象和 Command 对象来访问数据库的区别在哪里?

答:Recordset 对象会要求数据库传送所有的数据,那么当数据量很大时就会造成网络的阻塞和数据库服务器的负荷过重,因此整体的执行效率会降低。

利用 Command 对象直接调用 SQL 语句,所执行的操作是在数据库服务器中进行的,显然会有很高的执行效率。特别是在服务器端执行创建完成的存储过程,可以降低网络流量;另外,由于事先进行了语法分析,可以提高整体的执行效率。

14. 是否必须为每一个 Recordset 对象创建一个 Connection 对象?

答:可以同时对不同的 Recordset 对象使用相同的 Connection 对象,以节省资源。

15. 什么是数据库管理系统(DBMS)?

答:数据库为了保证存储在其中的数据的安全和一致,必须有一组软件来完成相应的管理任务,这组软件就是数据库管理系统,简称为 DBMS。DBMS 随系统的不同而不同,但是一般来说,它应该包括以下几方面的内容。

➢ 数据库描述功能:定义数据库的全局逻辑结构、局部逻辑结构和其他各种数据库对象。

➢ 数据库管理功能:包括系统配置与管理,数据存取与更新管理,数据完整性管理和数据安全性管理。

➢ 数据库的查询和操纵功能:包括数据库检索和修改。

➢ 数据库维护功能:包括数据引入、引出管理,数据库结构维护,数据恢复功能和性能监测。

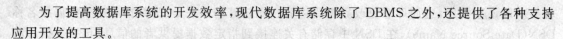

为了提高数据库系统的开发效率,现代数据库系统除了 DBMS 之外,还提供了各种支持应用开发的工具。

16. 当前流行的 Web 数据库管理系统有哪些?

答:当前流行的 Web 数据库管理系统有微软的 SQL Server、Oracle、DB2 和 Sybase,小规模的企业多使用 Access。

17. 在 ASP 中使用 ADO 的 AddNew 方法和直接使用"Insert into..."语句有何不同?哪种方式更好?

答:ADO 的 AddNew 方法只是将"Insert into"语句封装了起来,所以,当对大量数据进行操作时,直接使用 SQL 语句将会大大提高存取数据的速度,因为它减少了 ADO 的"翻译"时间,由于 SQL 语句所执行的操作是直接在数据库服务器中进行的,尤其在数据量很大时有显著的优势。

18. 为什么在 ASP 中使用标准的插入记录语句 insert into books(name,email) values ("kitty", "kitty@263.com")会出错?

答:SQL(Structured Query Language/结构式查询语言)是 IBM 公司在 20 世纪 70 年代所发展出来的数据查询语言,它现在已经成为关系型数据库查询语言的标准。SQL 语句是一种以英文为基础的程序语言,可以使用它来添加、管理以及存取数据库。

在 SQL 语句中添加时的字符串虽然可以使用双引号,但在 ASP 中却需要使用单引号才能正常执行,所以应当写成 insert into books(name,email) values("kitty", "kitty@263.com"")。

19. 什么是 ActiveX 控件?在哪里可以得到这些 ActiveX 控件?

答:Microsoft ActiveX 控件是由软件提供商开发的可重用的软件组件。除了 ASP 的内嵌对象外,另外安装进来的 ActiveX 控件也可以在 ASP 中使用,这样可以节省许多宝贵的开发时间。在 ASP 中其实也内嵌了很多的 ActiveX 控件可以使用。

使用 ActiveX 控件,可以在网站中加入特殊的功能。例如,使用 AdRotator 对象来制作广告滚动板,使用 FileSystemObject 对象进行文件存取,使用 Marquee 对象实现滚动文字。

现在,已有 1 000 多个商用的 ActiveX 控件,开发 ActiveX 控件可以使用各种编程语言,如 C,C++等,以及微软公司的 Visual Java 开发环境 Microsoft Visual J++。ActiveX 控件一旦被开发出来,设计和开发人员就可以把它当作预装配组件,用于开发客户程序。以此种方式使用 ActiveX 控件,使用者无须知道这些组件是如何开发的,在很多情况下,甚至不需要自己编程,就可以完成网页或应用程序的设计。

目前由第三方软件开发商提供的商用控件有 1 000 多种。微软 ActiveX 组件库(ActiveX Component Gallery)中存着有关信息以及相关的连接,它们指向微软及第三方开发商提供的各种 ActiveX 控件。在微软 ActiveX 组件库(ActiveX Component Gallery)中,可以找到开发 Internet 增强型 ActiveX 控件的公司列表。

20. 为什么使用 strStartPort＝Request. Form（"catmenu_0"）语句取到表单中起始站点的值在数据库却找不到？

答：这是因为取到的起始站点的值可能有空格，例如，原意是"杭州"，但是由于空格的存在，ASP 程序取到的值可能就是" 杭州"，而数据库中只有"杭州 "的记录，当然就找不到了，解决的方法是利用 Trim 函数将字符串两头空格全部去除，相应的语句为：

strStartPort＝TRIM(Request. Form("catmenu_0"))

21. 在 ASP 中当变量的生命周期结束后，有几种保留变量内容的方法？

答：任何导致网页结束的操作，比如当按下浏览器的"刷新"按钮，或者关闭了浏览器，再重新打开它，都会导致变量生命周期的结束。

如果希望在网页结束执行时，还能够保留变量的内容，以备下一次执行时使用，就可以借助 Application 对象来实现。比如可以利用 Application 对象来制作统计网站访问量的计数器。

Session 对象跟 Application 对象一样，可以在网页结束时将变量的内容存储下来，但是与 Application 对象不同的是，每个联机是一个独立的 Session 对象，简单地说，就是所有联机上网者只会共享一个 Application 对象，但每位联机上网者却会拥有自己的 Session 对象。

Application 对象与 Session 对象可以帮我们把信息记录在服务器端，而 Cookie 对象则会借助浏览器提供的 Cookie 功能将信息记录在客户端。有一点要注意，Cookie 是记录在浏览器的信息，所以数据的存取并不像存取其他 ASP 对象（信息存储在 Server 端）那么简单，就实际运行来看，只有在浏览器开始浏览 Server 的某一网页，而 Server 尚未下载任何数据给浏览器之前，浏览器才能够与 Server 进行 Cookie 数据的交换。

22. 对象使用完后应该怎么办？

答：当使用完对象后，首先使用 Close 方法来释放对象所占用的系统资源；然后设置对象值为 nothing 来释放对象占用的内存，否则会因为对象太多导致 Web 服务站点运行效率降低乃至崩溃，相应语句如下：

```
< %
对象.close
set 对象 = nothing
% >
```

23. 在 ASP 文件中读取 HTML 的表单字段有几种方法？

答：Request 对象除了可以用来读取附带在网址后面的参数以外，也可以读取 HTML 表单字段的内容。经常使用的语法结构如下：

< Form name ＝Formname method＝"Get|Post"Action＝"URL" > < Form >

其中，method 可以接受 Get 或 Post 两种传输的方法。Post 是允许传输大量数据的方法，而 Get 方法会将所要传输的数据附在网址后面，然后一起送达服务器，因此传送的数据量就会受到限制，但是执行效率却比 Post 方法高。

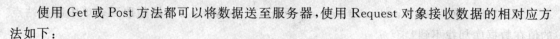

使用 Get 或 Post 方法都可以将数据送至服务器,使用 Request 对象接收数据的相对应方法如下:

Get:Request.QueryString("字段名称"),也可以写成 Request ("字段名称")。

Post:Request.Form ("字段名称"),也可以写成 Request ("字段名称")。

24. 如何提高使用 Request 集合的效率?

答:在使用 Request 集合时,由于包含了一系列对相关集合的搜索,这比访问一个局部变量要慢得多。因此,如果打算在页面中多次使用 Request 集合中的一个值,应该考虑将其存储为一个局部变量。

25. 在 ASP 页面中既可以使用 VBScript,也可以使用 Javascript,混合使用脚本引擎好吗?

答:虽然在 ASP 页面中既可以使用 VBScript,也可以使用 Javascript,但是在同一个页面上同时使用 Javascript 和 VBScript 则是不可取的。因为服务器必须实例化并尝试缓存两个(而不是一个)脚本引擎,这在一定程度上增加了系统负担。因此,从性能上考虑,不应在同一页面中混用多种脚本引擎。

26. 当我们建立了一个 ASP 文件,并且符合语法时,通过浏览器输入以下地址,或通过资源管理器打开浏览:c:\inetpub\wwwroot\a.asp,将出现无法运行的错误,并提示权限不对或文件无法访问,为何不能正常运行 ASP 文件?

答:这是因为 ASP 文件首先要求站点是具备"执行(脚本)"属性的;然后要求按照 URL 格式输入地址,而不是 DOS 格式,需要在电脑上安装好并启动 Web 服务平台,并确保 ASP 文件存放在 Web 服务器的虚拟目录下,就可以通过 HTTP 的格式来浏览,在浏览器的地址栏输入:"http:// Web 站点名称(或站点的 IP 地址)/ASP 文件名称",按回车键后就可以在浏览器中看到服务器执行 ASP 文件的结果。

27. 在使用 ASP 的 FSO 对象时出现错误提示:编程错误 Microsoft VBScript 运行时错误(0x800A0046)没有权限。

答:这种错误主要是硬盘使用 NTFS 文件格式所致。解决办法如下:

单击你网站所在的文件夹,选择"属性"查看是否有"安全"这个选项,如果没有,就在当前目录下,选择"工具"菜单,打开"文件夹选项/查看"菜单,把"使用简单文件共享"的勾去掉,再看下刚才的文件夹的属性,此时应该就有了安全这个选项了。选择"安全"选项,再选择"添加",添加一个名叫 Everyone 的用户,选中 Everyone 用户,选择"安全控制"选项。

28. 运行 ADO 程序对数据进行插入或更新时,出现错误提示:解决 Microsoft JET Database Engine (0x80040E09)不能更新。数据库或对象为只读。

答:解决办法为先启动"Internet 信息服务",然后在默认网站上单击右键,选择"属性/目录安全性"选项卡,显示匿名访问和身份验证控制选项,选择"编辑",将用户名为"IUSR_计算机名称"的用户名复制下来;在资源管理器中选择"工具/文件夹选项/查看"选项卡,将"使用简单文件共享(推荐)"前面的钩去掉;打开网站的根目录,单击右键,选择"属性/安全"选项卡,选择"添加",输入前面复制的用户名,选择"检查用户名",会转换为"计算机名称\IUSR_计算机名称",单击"确定"按钮;这时会发现又多了一个用户名名称为"Internet 来宾账户(计算机名称\IUSR_计算机名称)",给它分配权限,如果不会,就选中"允许全部"选项。

29. 什么是 ASP.NET? 它与 ASP 有什么关系?

答:Active Server Pages(ASP,活动服务器页面)就是一个比较简单编程环境,在其中,可以混合使用 HTML、脚本语言以及少量组件来创建服务器端的 Internet 应用程序。

ASP.NET 是微软力推的功能强大的编程环境,可以使用 C♯等多种高级语言及脚本语言、HTML、XML、XSL 等来创建基于网络的应用程序。ASP.NET 将 C♯作为一种面向对象语言,在很多方面来看,C♯将成为微软与 Java 相似的语言。C♯是 ASP.NET 开发中一个最重要的功能,微软会将 C♯发展成为 Java 的强劲对手。这也是微软.Net 框架的一个重要组成部分。作者认为 C♯是微软在编程语言领域击败对手的主要工具。

ASP.NET 在面向对象性、数据库连接、大型站点应用等方面都优于 ASP 程序。ASP.NET 还提供更多的其他方面的新特性。例如:内置的对象缓存和页面结果缓存;内置的 XML 支持,可用于 XML 数据集的简单处理;服务器控制提供了更充分的交互式制等。

ASP.NET 依然完全锁定在微软的操作系统中,要真正发挥 ASP.NET 潜力,用户要使用 C♯或 vb.net。这两种语言将成为 ASP.NET 标准的核心的脚本语言。

参考文献

[1] 邵丽萍,王馨迪,陆军. ASP 动态网页设计[M]. 北京:中国铁道出版社,2006.

[2] 林小芳,吴怡. ASP 动态网页设计教程[M]. 北京:清华大学出版社,北京交通大学出版社,2006.

[3] 赵松涛. ASP 动态网站开发实录[M]. 北京:电子工业出版社,2006.

[4] 陈建伟,李美军,施建强. ASP 动态网站开发教程[M]. 北京:清华大学出版社,2005.

[5] 贾素玲,王强. Javascript 程序设计[M]. 北京:清华大学出版社,2007.

[6] 石志国,崔林. ASP 动态网站编程[M]. 北京:清华大学出版社,2006.

[7] 陈旭东,张宏勋. 动态网页开发技术[M]. 北京:清华大学出版社,北京交通大学出版社,2005.

[8] 石志国,王志良,薛为民. ASP 精解案例教程[M]. 北京:清华大学出版社,2004.

[9] 肖志刚,张维,韩璐. ASP 动态网页设计应用培训教程[M]. 北京:电子工业出版社,2004.

[10] 李学军. ASP WEB 开发教程[M]. 北京:海洋出版社,2005.

[11] 唐建平. ASP 动态网页程序设计与制作实训教程[M]. 北京:机械工业出版社,2007.

[12] 邹天思,孙明丽,庞娅娟. ASP 开发技术大全[M]. 北京:人民邮电出版社,2007.